普通高等学校计算机教育规划教材

C/C++程序设计题解及实验教程

张世民　主　编

刘志超　梁普选　杨秦建　李　颖　副主编

中国铁道出版社有限公司
CHINA RAILWAY PUBLISHING HOUSE CO., LTD.

内容简介

本书是张世民主编的《C/C++程序设计教程》一书的配套教材。本书包括实验指导与示例、习题解答两部分内容。其中，第一部分实验包括：基本数据类型和表达式实验，顺序结构、选择结构、循环结构实验，数组、指针和结构体实验，结构化程序设计应用实验，函数和预处理实验，文件综合编程实验。第二部分习题解答，对部分习题做了详细的分析和解答，可以多角度加深学生对概念的理解，帮助学生自主学习。

本书适合作为高等学校“C 程序设计”课程的教材，也可供报考计算机等级考试（二级）和其他自学者参考。

图书在版编目（CIP）数据

C/C++程序设计题解及实验教程 / 张世民主编. —北京：中国铁道出版社，2009.1（2020.1 重印）
普通高等学校计算机教育规划教材
ISBN 978-7-113-09552-9

Ⅰ. C… Ⅱ. 张… Ⅲ. C 语言－程序设计－高等学校－教材 Ⅳ. TP312

中国版本图书馆 CIP 数据核字（2009）第 013272 号

书　　名：**C/C++程序设计题解及实验教程**
作　　者：张世民　主编

策划编辑：杨　勇
责任编辑：秦绪好　　**编辑部电话**：（010）63550836
编辑助理：刘彦会　姚文娟　　**封面设计**：路　瑶
责任印制：郭向伟　　**封面制作**：白　雪

出版发行：中国铁道出版社有限公司（北京市西城区右安门西街 8 号　邮政编码：100054）
印　　刷：北京捷迅佳彩印刷有限公司
版　　次：2009 年 2 月第 1 版　2020 年 1 月第 12 次印刷
开　　本：787mm×1092mm　1/16　**印张**：9　**字数**：207 千
书　　号：ISBN 978-7-113-09552-9
定　　价：20.00 元

FOREWORD

前 言

程序设计是高校重要的计算机基础课程，它以编程语言为平台，介绍程序设计的思想和方法。通过该课程的学习，学生不仅要掌握高级程序设计语言的知识，更重要的是在实践中逐步掌握程序设计的思想和方法，培养问题求解和程序设计语言的应用能力。

C/C++程序设计语言是一门实践性很强的课程。学习者必须在认真听课并读懂教材的基础上，通过大量的上机实验加强程序设计技术的基本技能训练，逐步理解和掌握编程的基本思想和调试程序的能力。

本书是为《C/C++程序设计教程》编写的配套实验指导书。教材和实验指导两本书互补，通过精讲多练，增强学生实践动手能力，达到理论和实验有机结合。实验教材突出实训，加强设计性实验，提高学生实践能力，开拓学生思路，为今后进一步学习打下坚实的基础。

本书的作者长期从事计算机程序设计语言课程的教学工作，并利用 C、C++等语言开发了多个软件项目，有着丰富的教学经验和较强的科研能力，对 C/C++程序设计有比较深入的理解和掌握。

本书包括实验指导与示例、习题解答两部分内容。其中，第一部分实验包括：基本数据类型和表达式实验，顺序结构、选择结构、循环结构实验，数组、指针和结构体实验，结构化程序设计应用实验，函数和预处理实验，文件综合编程实验。第二部分习题解答，对部分习题做了详细的分析和解答，多角度加深学生对概念的理解，帮助学生自主学习。

本书使用较流行的 Visual C++ 6.0 实验环境作为程序调试和运行环境。书中所给出的程序示例均在 Visual C++ 6.0 环境下通过调试与运行。

本书由张世民担任主编，由刘志超、梁普选、杨秦建、李颖担任副主编，各章分工如下：实验部分第 1 章由李颖编写，第 2 章由李媛、李颖编写，第 3 章由王美华编写，第 4 章由张立岩、郑琨编写，第 5 章由张世民编写，第 6 章由刘志超编写；习题解答部分第 1 章由杨秦建、梁普选编写，第 2 章由李颖编写，第 3 章由李媛、李颖编写，第 4 章由王美华编写，第 5 章由张立岩、郑琨编写，第 6 章由张世民编写，第 7 章由刘志超编写，第 8 章由梁普选编写；附录由郑琨编写。全书由张世民统稿。

本书适合作为高等学校“C 程序设计”课程的教材，也可供报考计算机等级考试（二级）和其他自学者参考。

编者在编写过程中参考了大量书籍，在此向作者表示感谢，同时向对教材提出修改建议的专家表示谢意。由于作者水平有限，书中难免会有欠妥之处，敬请读者指正。

编 者

2008 年 11 月

CONTENTS

目录

第一部分　实验指导与示例

第二部分　习题答案

第一部分　实验指导与示例

第 1 章　基本数据类型和表达式

使用C语言编程时，需要考虑计算机能处理哪些数据以及对这些数据能进行哪些操作，这涉及C语言的数据类型、运算符和表达式。C语言的数据类型丰富，其中有三种基本数据类型：整型、实型和字符型。在编程时要正确地定义和使用基本数据类型的数据。C语言提供了许多运算符，可以对不同类型的数据进行处理。这些运算符与数据构成了表达式。

实验 1　基本数据类型、运算符和表达式

一、实验目的

1. 掌握C语言的基本数据类型的存储和取值范围。

2. 掌握C语言的不同类型常量的表示方法和不同类型变量的定义与初始化方法。

3. 掌握不同类型的数据之间转换的规律。

4. 学会使用C语言的有关算术运算符，以及包含这些运算符的表达式，特别是自增（++）和自减（--）运算符的使用。

5. 掌握算术运算符和逗号运算符的运算规则、优先级与结合性。

6. 掌握各种表达式的求值方法及构造方法。

二、预备知识

1. C语言提供的数据结构是以数据类型形式出现的，数据在内存中存放的情况由数据类型决定，数据的操作要依靠运算符实现，而数据和运算符共同组成了表达式。C语言的基本数据类型为整型、实型和字符型。

2. 常量和变量：在程序运行过程中，其值不能被改变的量称为常量。在程序运行过程中，其值可以被改变的量称为变量。变量赋值的基本原则为赋值运算符左右两侧的数据类型一致。

3. 三种基本数据类型变量：整型变量、实型变量、字符型变量。

4. 算术运算符与算术表达式：C语言有五种基本的算术运算符，即+、-、*、/、%。用算术运算符和括号将运算对象（常量、变量和函数等）连接起来的、符合C语言语法规则的式子构成

了算术表达式。

5. 逗号运算符（,）决定了表达式的运算顺序，优先级最低。

6. 类型转换分为系统自动类型转换和强制类型转换。强制类型转换时，得到一个所需类型的中间变量，原变量的类型保持不变。

三、实验示例

【示例 1】建立 C 程序文件 1_1.cpp，验证字符常量的使用。

1．示例分析：

字符常量是用一对单引号引起来的一个字符。转义字符是以反斜杠'\'开头，后面加其他字符。反斜杠的作用是把后面的字符赋以新的含义（即转义）。

2．程序代码：

```
#include <stdio.h>
void main()
{
    printf("hello\tThis is a C program\nok!");
    printf("\141 \x61 b\n");
    printf("I say:\"How are you?\"\n");
}
```

3．运行结果：

```
hello    This is a C program
ok!
a a b
I say: "How are you? "
```

说明：

（1）\n 表示换行，将当前位置移到下一行开头。\t 表示水平制表（跳到下一个 tab 位置）。\" 输出双引号字符。\ddd 输出 1～3 位八进制数所代表的字符。\xhh 输出 1～2 位十六进制数所代表的字符。

（2）\141 和\x61 都表示字符'a'。

\141 即$(141)_8$，其值为：$1\times8^2+4\times8^1+1\times8^0=(97)_{10}$

\x61 即$(61)_{16}$，其值为：$6\times16^1+1\times16^0=(97)_{10}$

【示例 2】建立 C 程序文件 1_2.cpp，验证字符型数据与整型数据的使用。

1．示例分析：

字符型和整型数据在一定范围内（0～255）可以通用。例如，char c1,c2;或 int c1,c2;它们可以互相赋值。

2．程序代码：

```
#include <stdio.h>
void main()
{    char c1;
     int c2;
     c1=97;
     c2='d';
```

```
    printf(" %d  %d\n",c1,c2);
    printf(" %c  %c\n",c1,c2);
}
```

3．运行结果：

```
97  100
a  d
```

【示例 3】建立 C 程序文件 1_3.cpp，求表达式(++a)+1 的值（a 为整型变量，初值为 3）。

1．示例分析：

表达式中包含++a，自增运算符在变量的左侧，则先使 a 的值增 1，再使用 a 的值。

2．程序代码：

```
#include <stdio.h>
void main()
{
    int a=3;
    printf("%d\n",(++a)+1);
}
```

3．运行结果：

```
5
```

【示例 4】建立 C 程序文件 1_4.cpp，计算表达式 m/2+n*a/b+a/3 的值，其中 m、n 为整型变量，m=7，n=4；a、b、x 为实型变量，a=8.4,b=4.2。

1．示例分析：

C 语言中两个整数相除结果为整数，因此 7/2=3。

2．程序代码：

```
#include <stdio.h>
void main()
{
    int m=7,n=4;
    float a=8.4,b=4.2,x;
    x=m/2+n*a/b+a/3;
    printf("%f\n",x);
}
```

3．运行结果：

```
13.800000
```

四、实验内容

1．建立 C 程序文件 1_5.cpp，输入并运行下面的程序：

```
#include <stdio.h>
void main()
{
    int a,b;
    unsigned c,d;
    long e,f;
    a=100;
```

```
    b=-100;
    e=50000;
    f=32767;
    c=a;
    d=b;
    printf("%d,%d\n",a,b);
    printf("%u,%u\n",a,b);
    printf("%u,%u\n",c,b);
    c=a=e;
    d=b=f;
    printf("%d,%d\n",a,b);
    printf("%u,%u\n",c,d);
}
```

试按照以上程序和运行结果分析：

将一个负整数赋给一个无符号的整型变量，会得到什么结果。画出它们在内存中的表示形式。

2. 建立C程序文件1_6.cpp，输入并运行下面的程序：

```
#include <stdio.h>
void main()
{
    char c1,c2;
    c1='a';
    c2='b';
    printf(" %c  %c\n",c1,c2);
}
```

（1）运行此程序。

（2）在此基础上增加一条语句：printf("%d%d\n",c1,c2); 再运行程序，并分析运行结果。

（3）将第2行改为：int c1,c2; 再运行程序，并分析其运行结果。

（4）将第3、4行改为：

```
c1=a;          /* 不用单引号 */
c2=b;
```

再运行程序，分析其运行结果。

（5）将第3、4行改为：

```
c1="a";        /* 用双引号 */
c2="b";
```

再运行程序，分析其运行结果。

（6）将第3、4行改为：

```
c1=600;        /* 用大于255的整数 */
c2=500;
```

再运行程序，并分析其运行结果。

3. 建立C程序文件1_7.cpp，输入并运行下面的程序：

```
#include <stdio.h>
void main()
{
    char c1='a',c2='b',c3='c',c4='\101',c5='\116';
    printf("a%c b%c\tc%c\tabc\n",c1,c2,c3);
    printf("\t\b%c%c",c4,c5);
}
```

先分析程序，再上机运行，并分析其运行结果。

4. 建立 C 程序文件 1_8.cpp，输入并运行下面的程序：

```
#include <stdio.h>
void main()
{
    int i,j,m,n;
    i=15;
    j=6;
    m=++i;
    n=j++;
    printf("%d,%d,%d,%d",i,j,m,n);
}
```

（1）运行程序，注意 i、j、m、n 各变量的值，并分析运行结果。

（2）将第 4、5 行改为：

```
m=i++;
n=++j;
```

再运行此程序，并分析运行结果。

（3）将程序改为：

```
#include <stdio.h>
void main()
{
    int i,j;
    i=15;
    j=6;
    printf("%d,%d",i++,j++);
}
```

（4）在（3）的基础上，将 printf 语句改为 printf("%d,%d", ++i, ++j);。

（5）将 printf 语句改为 printf("%d,%d,%d,%d", i, j, i++, j++);。

（6）将程序改为：

```
#include <stdio.h>
void main()
{
    int i,j,m=0,n=0;
    i=15;
    j=6;
    m+=i++;
    n-=--j;
    printf("i=%d,j=%d,m=%d,n=%d",i,j,m,n);
}
```

再运行此程序，并分析运行结果。

五、思考题

1. C 语言的基本数据类型有哪些？
2. 各种基本数据类型的常量和变量是怎样定义的？
3. C 语言有哪些表达式？各种表达式的求解规则是什么？

第 2 章 C 程序的流程控制

顺序结构、选择结构和循环结构是结构化程序设计的三种基本结构。本章的实验重点是练习使用 printf、scanf、if、while 和 for 语句。

实验 2　顺序结构程序设计

一、实验目的

1. 熟练掌握 C 语言中应用最多的一种语句——赋值语句的使用方法。
2. 熟练掌握 C 语言中各种类型数据输入/输出格式说明符的使用。
3. 理解 C 语言程序的顺序结构。
4. 掌握 C 语言输入与输出函数的使用。
5. 学会使用赋值语句和输入/输出函数进行顺序结构程序设计。

二、预备知识

1. 赋值语句的求解过程是先计算赋值号右边的值，再赋给左边的变量。

2. C 语言中常用的数据类型有：基本整型、长整型、单精度实型、双精度实型和字符型，调用 printf 函数使用的格式说明符分别是%d、%ld、%f、%f、%c；调用 scanf()函数使用的格式说明符分别是%d、%ld、%f、%lf、%c。

3. 顺序结构的程序就是从上向下顺序逐条执行语句，语句的先后顺序很重要。函数体部分，应顺序包括变量类型的说明、输入部分、运算部分和输出部分。

4. scanf()函数和 printf()函数可以输入、输出任意类型的数据，而 getchar()函数和 putchar()函数只能输入、输出单个字符。

三、实验示例

【示例 1】建立 C 程序文件 2_1.cpp，按格式要求输入/输出数据。

1. 示例分析：

通过该示例掌握 printf()和 scanf()函数格式说明符的使用。

2. 程序代码：

```
#include <stdio.h>
void main()
```

```
{
    int x,y;
    float a,b;
    char num1,num2;
    scanf("x=%d,y=%d",&x,&y);
    scanf("%f,%e",&a,&b);
    scanf("%c%c",&num1,&num2);
    printf("x=%d,y=%d,a=%f,b=%f,num1=%c,num2=%c \n",x,y,a,b, num1,num2);
}
```

3．运行结果：

```
x=5,y=6↙
6.3,9.71 bw↙
x=5,y=6, a=6.300000,b=9.710000,num1=b,num2=W
```

说明：如果将运行结果改为

```
x=5,y=6↙
6.3,9.71↙
bw↙
```

结果将不同。

【示例 2】建立 C 程序文件 2_2.cpp，编程实现将华氏温度（*F*）转换为摄氏温度（*C*）。公式为：*C*=5/9(*F*−32)，要求从键盘输入不同的华氏温度，得到对应的摄氏温度，保留 2 位小数。

1．示例分析：

（1）首先定义单精度实型变量 c 和 f，分别用来存放摄氏温度和华氏温度，变量名使用小写。

（2）在屏幕输出一行提示性文字：输入一个华氏温度。起到提高程序的阅读性和增强人机交互的作用。

（3）从键盘输入华氏温度。正如商场收银台收费时，需要从键盘输入数量和价格。用 C 语言处理类似问题时，是调用 scanf()函数实现的。

（4）求出对应的摄氏温度后保存在变量 c 中。公式中的 5 和 9，至少一个要加小数点表示成实型，否则两个整数相除结果为整数就会出现 5/9 得 0 的情况，这一点要引起注意。

（5）最后输出结果。

2．程序代码：

```
#include <stdio.h>
void main()
{
    float c,f;
    printf("输入一个华氏温度: ");
    scanf("%f",&f);
    c=5.0/9*(f-32);
    printf("对应的摄氏温度为: %5.2f\n",c);
}
```

3．运行结果：

```
输入一个华氏温度: 100↙
对应的摄氏温度为: 37.78
```

【示例 3】建立 C 程序文件 2_3.cpp，编程实现以下功能。一件商品单价 80.3 元，甲、乙、丙三个店一天分别卖出 31、26、22 件，求一天共销售多少件商品及总销售额，总销售额保留 1 位小数。

1．示例分析：

（1）定义整型变量 n，用来存放销售的总件数。

由于总件数是整型数据，所以 n 定义为整型。在定义变量时一定要注意将要存放其中的数据的类型，当定义为某种类型的变量后，则不能存放其他类型的数据，如 n 中只能存放整数。

（2）定义单精度实型变量 total，用来存放总销售额。

因为总销售额为实数，所以 total 要定义成实型变量。至于用单精度还是双精度主要看精度要求，单精度有效位数一般为 6 ~ 7 位，双精度可达到 15 ~ 16 位。

（3）计算总件数后存放在 n 变量中。

在 C 程序中，简单计算用赋值语句实现，赋值语句是 C 程序中应用最普遍的语句。赋值语句的格式为：变量=表达式；求解过程为：先计算表达式的值，然后将表达式的值赋给左边的变量。

（4）计算总销售额后存放在 total 变量中。

（5）最后输出总件数及总销售额。

调用 printf()函数，用%lf 输出实数，小数点后保留 1 位数字。

2．程序代码：

```
#include <stdio.h>
void main()
{
    int n;
    float total;
    n=31+26+22;
    total=80.3*n;
    printf("n=%d,total=%1f",n,total);
}
```

3．运行结果：

```
n=79,total=6343.7
```

【示例 4】建立 C 程序文件 2_4.cpp，编程实现如下功能。输入两个数字字符，将它转换为对应的数字后生成一个整数并输出。如输入数字字符'2'和'5'，转换为整数 25 输出。

1．示例分析：

（1）定义字符变量 c1、c2，用来保存输入的数字字符'2'和数字字符'5'。因为处理的是字符数据，所以将 c1、c2 定义为字符变量，定义字符变量使用的关键字是 char。

（2）定义基本整型变量 n1、n2，分别用来保存数字字符'2 '和'5 '转换后的数字 2 和 5。

（3）调用 getchar()函数，输入一个数字字符并赋给变量 c1。

（4）再次调用 getchar()函数，输入另一个数字字符并赋给变量 c2。

（5）将数字字符'2 '转换成对应的数字后赋给变量 n1。方法是将数字字符'2 '减去数字字符'0 '就是其对应的数字 2。

（6）将数字字符'5 '转换成对应的数字后赋给变量 n2。数字字符'5 '减去数字字符'0 '就是其对应的数字 5。

（7）输出 n1、n2 的值。

调用 printf()函数实现。因为 n1、n2 的值是一个整数，所以不可以使用 putchar()函数，putchar()

函数只能输出一个字符。

2．程序代码：

```
#include <stdio.h>
void main()
{
    char c1,c2;
    int n1,n2
    c1=getchar();
    c2=getchar();
    n1=c1-'0 ';
    n2=c2-'0 ';
    printf("%d%d",n1,n2);
}
```

3．运行结果：

```
25↙
25
```

说明：在使用 getchar()函数输入时，空格、回车键等都作为有效字符读入，一个 getchar()函数只接收一个字符，所以当程序中连续出现几个 getchar 时，在输入时就应当特别注意，这些字符要连续输入，中间不能用空格、回车键作间隔符，输入完毕后按回车键开始读入。

四、实验内容

1．建立 C 程序文件 2_5.cpp，运行程序并分析结果，程序代码如下：

```
#include <stdio.h>
void main()
{    int a;
     float b;
     char c;
     double d;
     long e;
     unsigned int f;
     a=87;
     b=6.72;
     c='A';
     d=35.123456789;
     e=-50000;
     f=32768;
     printf("a=%d\nc=%c\nb=%7.3f\n", a,c,b);
     printf("d=%15.12f\ne=%ld\nf=%u\n",d,e,f,);
}
```

2．建立 C 程序文件 2_6.cpp，从键盘输入甲、乙两人的年龄，求两人的平均年龄，保留 1 位小数。如甲、乙两人的年龄分别是 18、19 岁，两人的平均年龄为 18.5 岁。

要求：输入时使用人机交互，且结果保留 1 位小数。

3．建立 C 程序文件 2_7.cpp，输入一个大写字母，输出对应的小写字母。如输入'B'，输出'b'。

要求：使用 getchar()函数输入，putchar()函数输出。

4．建立 C 程序文件 2_8.cpp，输入三个数字字符，将它们转换为对应的数字后生成一个整数并输出。如输入数字字符'1'、'3'和'5'，转换为整数 135 输出。

要求：使用 getchar()函数输入。

五、思考题

1. 若将 123 作为变量名，是否可行？为什么？

2. 把一个超过 32 767 的数放到一个变量中，该变量能否定义为 short int，为什么？

3. scanf()函数输入数据之前往往加输出语句进行提示，请问是否可以直接将提示加到 scanf()函数中？

4. 在程序 2_4.cpp 运行时输入 2　5↙或者输入 2↙5↙，情况会怎样？

5. 在程序 2_4.cpp 运行时输入的“25”和输出的“25”有何区别？

实验 3　选择结构程序设计

一、实验目的

1. 理解 C 语言逻辑量的表示方法，以 0 代表“假”，以非 0 代表“真”。

2. 掌握 C 语言的关系运算符及关系表达式的正确使用方法。

3. 掌握 C 语言的逻辑运算符及逻辑表达式的正确使用方法。

4. 掌握 C 语言常用的运算符优先级别高低和结合方向。

5. 熟练掌握 if 语句和 switch 语句，会使用选择结构语句解决实际问题。

二、预备知识

1. 关系运算符有六种：>、>=、<、<=、= =、!= 。关系表达式的值为逻辑值，表达式成立时，值为“真”；否则，值为“假”。C 语言中，用“1”表示“真”，“0”表示“假”。

2. 逻辑运算符有三种：&&、||、!。逻辑表达式运算对象可以是值为 0 或非 0 的任何表达式，并将非 0 值作为“真”处理。

3. if 语句可用于单分支、双分支和多分支选择结构程序设计。if 语句的嵌套中，内、外层 if…else 不得交叉。if 与 else 配对原则为由内向外，else 与它上面最近的没有配对的 if 有配对关系。内层的 if…else 语句尽量完整，以确保配对准确无误。否则，内层的 if 语句用“{…}”括起来。if 语句的嵌套用于实现多分支选择结构，注意逻辑关系。书写格式采用缩进形式，以使结构清晰、易读。

4. switch 语句用于多分支选择结构程序设计。

三、实验示例

【示例 1】若有定义 int x=3,a=2,b=-3,c=4;，写出顺序执行下列表达式后 x 的值，然后通过程序验证。要求先写出运算结果，然后建立 C 程序文件 3_1.cpp，输入程序并验证。

（1）x/=(x+2,(a&&5+3))

（2）x=((a=4%3,a!=1),a==10)

（3）x=a>b&&b>c

（4）x=b%=c+a-c/7

（5）x=!c+1+c&&b+c/2

1. 示例分析：

编写程序实现输出表达式的值，注意关系表达式和逻辑表达式的运算结果为逻辑值以及各种运算符优先级别的高低和结合方向。

2. 程序代码：

```
#include <stdio.h>
void main()
{
    int x,a,b,c;
    x=3;a=2;b=-3;c=4;
    x/=(x+2,(a&&5+3));
    printf("x=%d\n",x);
    x=((a=4%3,a!=1),a==10);
    printf("x=%d\n",x);
    x=a>b&&b>c;
    printf("x=%d\n",x);
    x=(b%=c+a-c/7);
    printf("x=%d\n",x);
    x=!c+1+c&&b+c/2;
    printf("x=%d\n",x);
}
```

3. 运行结果：

```
x=3
x=0
x=0
x=-3
x=1
```

【示例 2】建立 C 程序文件 3_2.cpp，编写程序判断一个整数的奇偶性。

1. 示例分析：

判断一个整数是否是偶数，计算其是否能被 2 整除。若能被 2 整除即为偶数，否则为奇数。

2. 程序代码：

```
#include <stdio.h>
void main()
{
    int x;
    printf("请输入一个整数：");
    scanf(" %d",&x);
    if(x%2==0)  printf("%d是偶数\n",x);
    else  printf("%d是奇数\n",x);
}
```

3. 运行结果：

```
请输入一个整数：6↙
6是偶数
```

【示例 3】建立 C 程序文件 3_3.cpp，编程实现如下功能：输入实数 x，按下列公式求分段函数 y 的值。

$$y=\begin{cases} 0.8x & (x<-20) \\ 0.47x+3.9 & (-20\leqslant x<10) \\ 2.6x-7 & (x\geqslant 10) \end{cases}$$

1．示例分析：

这是一个多分支问题，可以采用一个嵌套 if 语句或者是三个并列 if 语句。当然，如果采用嵌套 if 语句，既可以在外层 if 后面嵌入，也可以在外层 else 后面嵌入。下面给出的程序将内层 if...else 嵌在外层 if...else 后面。其他两种形式读者可自行考虑。

2．程序代码：

```
#include <stdio.h>
void main()
{
    float x,y;
    printf("请输入一个数:");
    scanf("%f",&x);
    if(x<-20)  y=0.8*x;
    else
        if(x<10)  y=0.47*x+3.9;
        else  y=2.6*x-7;
        printf("y=%f\n",y);
}
```

3．运行结果：

```
请输入一个数: -19↙
y=-5.030000
```

说明：在程序调试过程中对每种分支情况都要进行测试，才能保证软件的质量。因此，在调试程序的时候，要尽可能考虑到程序运行时各种可能，设计相应的用例。

【示例 4】运输公司对用户计算运费。距离越远，每千米运费越低，标准如下：

s<250km	无折扣
250 km ≤s<500km	折扣 2%
500 km ≤s<1000km	折扣 5%
1000 km ≤s<2000km	折扣 8%
2000 km ≤s<3000km	折扣 10%
s≥3000 km	折扣 15%

编写程序计算运费。要求：建立 C 程序文件 3_4.cpp，使用 switch 语句实现。

1．示例分析：

（1）设每千米每吨货物的基本运费为 p，货物重为 w，距离为 s，折扣为 d，则总运费 f 的计算公式为：$f=p\times w\times s\times(1-d)$。

（2）令 $k=s/250$，则折扣 d 与 k 的对应关系如图 1-2-1 所示。

s<250 km	k<1	k=0	无折扣
250 km≤s<500 km	1≤k<2	k=1	折扣 2%
500 km≤s<1000 km	2≤k<4	k=2,3	折扣 5%
1000 km≤s<2000 km	4≤k<8	k=4,5,6,7	折扣 8%
2000 km≤s<3000 km	8≤k<12	k=8,9,10,11	折扣 10%
s≥3000 km	k≥12		折扣 15%

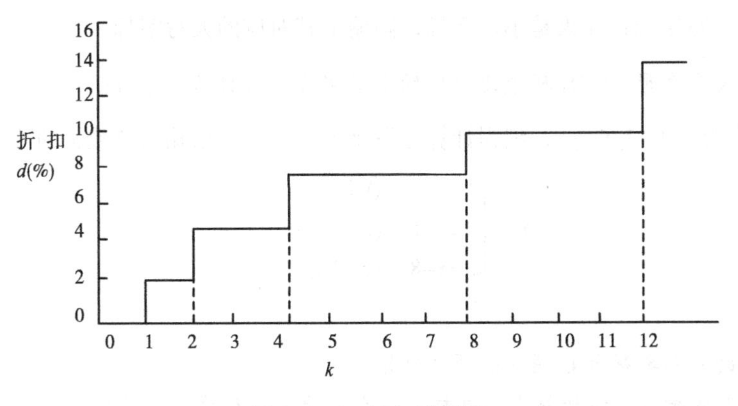

图 1-2-1　折扣关系图

（3）p、w、s 由键盘输入，用 switch 语句根据不同 k 值确定 d 值。最后，计算并输出 f 的值。

2. 程序代码：

```
#include <stdio.h>
void main()
{
    int k,s;
    float p,w,d,f;
    scanf("%f,%f,%d",&p,&w,&s);
    if(s>=3000)  k=12;
    else  k=s/250;
    switch (k)
    {
        case 0: d=0; break;
        case 1: d=2; break;
        case 2:
        case 3: d=5; break;
        case 4:
        case 5:
        case 6:
        case 7: d=8; break;
        case 8:
        case 9:
        case 10:
        case 11: d=10; break;
        case 12: d=15; break;
    }
    f=p*w*s*(1-d/100);
    printf("freight=%15.3f",f);
}
```

3. 运行结果：

```
100,20,300↙
freight=    588000.000
```

四、实验内容

1. 建立 C 程序文件 3_5.cpp，编程实现如下功能：从键盘输入一个字符，如果是大写字母，则输出其对应的小写字母；如果是小写字母，则输出其对应的大写字母。

提示：注意大写字母ASCII码值比对应的小写字母ASCII码值小32。

2. 建立C程序文件3_6.cpp，编程计算分段函数的值。要求输入整数 x 的值，输出 y 的值。

$$y=\begin{cases} x & (x\leqslant 1) \\ 2x+1 & (1<x<10) \\ 3x-8 & (x\geqslant 10) \end{cases}$$

提示：

注意表达式的书写要符合C语言的语法规则。

- 程序的书写需要采用缩进格式，这样可以有效地提高程序的可读性。
- 运行程序，输入 x 的值，分别为 $x\leqslant 1$、$1<x<10$、$x\geqslant 10$ 三种情况，检查输出的 y 值是否正确。

3. 建立C程序文件3_7.cpp，编程实现如下功能，从键盘输入一个不多于5位的正整数，要求：

（1）输出其为几位数；

（2）分别输出每一位数；

（3）按逆序输出各位数字，例如，原数为1234，应输出4321。

（4）程序应当对不合法的输入作必要的处理。例如，输入负数或输入的数超过5位（如123456）。

五、思考题

1. 什么是选择结构？它的作用是什么？
2. 逻辑运算和关系运算的相同之处是什么？它们又有什么不同？
3. if语句使用的形式有哪些？
4. switch语句中case分支是如何执行的？switch语句中的break起什么作用？

实验4　循环结构程序设计

一、实验目的

1. 理解循环控制的作用。
2. 掌握在循环结构程序设计时，正确设定循环条件，以及如何控制循环的次数。
3. 熟练掌握while语句、do…while 语句和for语句的使用。
4. 掌握循环结构嵌套的应用。
5. 熟练掌握break语句与continue语句的使用。

二、预备知识

1. while 语句为当型循环语句。若表达式成立，则执行循环体，否则退出循环。循环体语句可以是空语句、单个语句或复合语句，复合语句必须用 {} 括起。在循环体中应有使循环趋于结束的语句，避免死循环出现。

2. do…while 语句为直到型循环语句。先执行一次循环体。若表达式成立，则重复执行循环体，否则退出循环。

3. for 语句中的三个表达式的作用分别是循环初始化、循环条件和循环变量的修改。当省略表达式 1 和表达式 3 时，for 语句与 while 语句是等价的。

4. while 语句先判断表达式，后执行循环体，循环体有可能一次也不被执行；do...while 先执行一次循环体，后判断表达式，循环体至少被执行一次。

5. 一个循环体内又包含另一个完整的循环结构，称为循环的嵌套。三种循环可以互相嵌套。注意内层循环应完全在外层循环里面，即不允许出现交叉。

6. 在循环语句中，break 语句的作用是强行结束循环，转向执行循环语句后的下一条语句。break 语句只能用于循环语句和 switch 语句中。当 break 处于循环嵌套结构中时，它只能终止并跳出包含该语句的内层循环，而对外层循环没有影响。

7. continue 语句只能用于循环语句中，一旦执行了 continue 语句，就跳过循环体中位于该语句后的所有语句，提前结束本次循环并进行新一轮循环。continue 语句对于 for 循环，跳过循环体其余语句，转向修改循环变量表达式的计算；对于 while 和 do...while 循环，跳过循环体其余语句，转向循环条件的判定。continue 语句只是影响包含该语句的内层循环，而对外层循环没有影响。

三、实验示例

【示例 1】建立 C 程序文件 4_1.cpp，编程实现如下功能：输入 10 个学生的成绩，将及格的分数输出。

1. 示例分析：

输入 10 个学生的成绩，逐个判断是否大于或等于 60，若及格则输出此分数，可用 while 循环语句实现。

2. 程序代码：

```
#include <stdio.h>
void main()
{
    int n;
    float score;
    n=1;
    printf("请输入 10 个学生的成绩:\n");
    while (n<=10)
    {
        scanf("%f",&score);
        if(score>=60)  printf("%.1f  ",score);
        n=n+1;
    }
}
```

3. 运行结果：

```
请输入 10 个学生的成绩:
65.5  78  21  36.5  92  45  71  50.5  32  60↙
65.5  78.0  92.0  71.0  60.0
```

【示例 2】建立 C 程序文件 4_2.cpp，编程实现如下功能：从键盘输入 n 个数，求这 n 个数的和并输出。

1. 示例分析：

从键盘输入 n 的值，然后再输入 n 个数，将这 n 个数相加，可用 do...while 循环语句实现。

2．程序代码：

```
#include <stdio.h>
void main()
{
    int i=1,n;
    float x,s=0;
    scanf("%d",&n);
    do
      {
         scanf("%f",&x);
         s=s+x;
         i=i+1;
      }
      while  (i<=n);
    printf("s=%10.2f\n",s);
}
```

3．运行结果：

```
5↙
1 7 3 0 12↙
s=    23.00
```

【示例3】建立C程序文件4_3.cpp，编程实现输入8个整数的功能，输出其中最大的数的功能。

1．示例分析：

首先取一个数预置为最大值max，然后再用max依次与其余的数逐个比较，如果发现有比max大的数，就用它给max重新赋值，比较完所有的数后，max中的数就是最大值。

2．程序代码：

```
#include <stdio.h>
void main()
{
    int x,max,i;
    printf("请输入8个整数:\n");
    scanf("%d",&x);
    max=x;
    for(i=1;i<=7;i++)
      {
         scanf("%d",&x);
         if(x>max)  max=x;
      }
     printf("最大值是:%d\n",max);
}
```

3．运行结果：

```
请输入8个整数:
3 8 9 0 2 12 67 -3↙
最大值是: 67
```

【示例4】建立C程序文件4_4.cpp，编程实现如下功能：输入1个正整数n，计算$1+1/2+1/3+\ldots+1/n$并输出结果，要求结果保留3位小数。例如，输入10，输出2.929。

1．示例分析：

这是一个求累加和的问题。此问题的关键是计算等式右侧表达式的值。该表达式每一项为一个分数，各项的分子和分母均有一定规律。每一项的分子为 1，分母为 1、2、3、4、…。

2．程序代码：

```
#include <stdio.h>
void main()
{   int i,n;
    float sum,t;
    scanf("%d",&n);
    for(i=1;i<=n;i++)
    {   t=1/i;
        s=s+t;
    }
    printf("%.3f\n", sum);
}
```

3．运行结果：

```
10↙
2.929
```

四、实验内容

1．建立 C 程序文件 4_5.cpp，编程实现如下功能：输入一行字符，分别统计出其中英文字母、空格、数字和其他字符的个数。

提示：

- 本题要求统计的字符有 4 类，因此需要设置 4 个计数器；
- 每个计数器的初始值为 0，当遇到一个特定类别的字符时，对应的计数器加 1。

2．建立 C 程序文件 4_6.cpp，编程实现如下功能：求 $s=a+aa+aaa+\cdots$（最后一项为 n 个 a）的值，其中 a 是一个数字。例如，2+22+222+2222+22222（此时共有 5 个数相加，即 $n=5$），a 和 n 的值从键盘输入。

提示：求解累加问题时要解决以下问题。

- 表达式中的每一项 t 如何由前一项推出。
- 得出表达式当前项后，与前面各项计算累加和，即 $s=s+t$。

3．建立 C 程序文件 4_7.cpp，编程输出以下图案：

```
  *
 ***
*****
 ***
  *
```

提示：先把图形分成两部分来看待，前3行一个规律，后2行一个规律，利用双重for循环，内层循环控制行，外层循环控制列。

五、思考题

1. 什么是循环？为什么要使用循环？如何实现循环？
2. 实现循环时，如何确定循环条件和循环体？
3. while和do...while循环语句有什么区别？
4. 如何使用break语句处理循环？
5. 简述使用continue语句时，while语句、do...while 语句和for循环语句的执行过程。

第 3 章 复杂数据类型

实验 5　数　　组

一、实验目的

1. 掌握一维数组、二维数组的定义、赋值和输入/输出的方法。
2. 掌握 C 语言字符数组和字符串函数的使用。
3. 进一步巩固 C 语言循环结构程序的设计。
4. 巩固所学的理论知识，培养、锻炼 C 语言程序设计的能力。

二、预备知识

数组是可以通过下标访问的相同类型数据元素的集合，而下标则是用于标识数组元素位置的正整数。

1．一维数组：

一维数组的定义：

```
数据类型 数组名[常量表达式];
```

一维数组的引用：

```
数组名[下标]
```

2．二维数组：

二维数组的定义：

```
数据类型 数组名[常量表达式 1][常量表达式 2];
```

二维数组的引用：

```
数组名[下标表达式 1][下标表达式 2]
```

3．字符数组：

字符数组是用来存放字符的数组，C 语言中没有直接提供字符串类型，字符串被定义为一个字符数组。

三、实验示例

【示例 1】建立 C 程序文件 5_1.cpp，编程实现如下功能：输入 12 个月的销售额，计算总销售额。

1．示例分析：

用一个一维数组存储输入的 12 个月的销售额，通过一重循环访问所有数组元素即可计算出总销售额。

2．程序代码：

```
#include <stdio.h>
void main()
{
     int sales[12];
     int total=0;
     int i;
     for(i=0;i<12;i++)
     {
         scanf("%d",&sales[i]);
         total=total+sales[i];
     }
     printf("%d",total);
}
```

3．运行结果：

```
45 56 54 55 67 78 89 43 23 45 67 89↙
711
```

说明：for 循环中的语句“total=total+sales[i];”逐个累加各数组元素的值，从而计算出总销售额。注意，数组 sales 的最大下标为 11，如果写成 i<=12 则会发生数组下标越界。

【示例 2】建立 C 程序文件 5_2.cpp，编程实现如下功能：将一个 3 行 3 列的矩阵 ***A*** 转置，形成一个新矩阵 ***B***。例如：

$$\boldsymbol{A}=\begin{pmatrix}1&2&3\\4&5&6\\7&8&9\end{pmatrix}\qquad \boldsymbol{B}=\begin{pmatrix}1&4&7\\2&5&8\\3&6&9\end{pmatrix}$$

1．示例分析：

用二维数组 a 和二维数组 b 分别存储矩阵 ***A*** 和矩阵 ***B***，通过双重循环将数组 a 的元素逐个复制到数组 b 相应位置即可。

2．程序代码：

```
#include <stdio.h>
void main()
{
     int a[3][3]={{1,2,3},{4,5,6},{7,8,9}};
     int b[3][3],i,j;
     printf("原矩阵 A:\n");
     for(i=0;i<=2;i++)
     {
         for(j=0;j<=2;j++)
         {
             printf("%5d",a[i][j]);
             b[j][i]=a[i][j];
         }
         printf("\n");
     }
     printf("转置矩阵 B:\n");
```

```
        for(i=0;i<=2;i++)
        {
            for(j=0;j<=2;j++)
                printf("%5d",b[i][j]);
            printf("\n");
        }
    }
```

3．运行结果：

```
原矩阵 A:
1   2   3
4   5   6
7   8   9
转置矩阵 B:
1   4   7
2   5   8
3   6   9
```

说明：第一个双重循环中的语句 b[j][i]=a[i][j]; 将数组 a 的各元素复制到数组 b。注意，数组 a 的第 i 行第 j 列正好对应数组 b 的第 j 行第 i 列。

【示例 3】建立 C 程序文件 5_3.cpp，编程实现如下功能：输入一个字符串，将它逆序输出。

1．示例分析：

用一个字符数组存储输入的字符串，通过从后往前访问数组元素的方法即可实现字符串的逆序输出。

2．程序代码：

```
#include <stdio.h>
#include <string.h>
void main()
{
    char str[100];
    int i;
    gets(str);
    i=strlen(str)-1;
    for(;i>=0;i--) putchar(str[i]);
    printf("\n");
}
```

3．运行结果：

```
Good Morning! ↙
!gninroM dooG
```

说明：strlen()函数返回数组的长度，长度减 1 即得到数组最后一个有效字符的下标。语句 for(;i>=0;i--) putchar(str[i]); 最先输出最后一个字符，然后输出倒数第二个，……，最后输出第一个字符，从而完成逆序输出。

四、实验内容

1．建立 C 程序文件 5_4.cpp，编程实现如下功能：输入 31 天的温度值，求最高温度和最低温度。

2. 建立 C 程序文件 5_5.cpp，编程实现如下功能：将两个 3×3 矩阵相加得到一个新矩阵。

3. 建立 C 程序文件 5_6.cpp，编程实现如下功能：计算一个字符串的长度，不能用 strlen 函数。

实验 6　指　　针

一、实验目的

1. 熟练掌握指针变量的定义和引用。
2. 会使用数组的指针和指向的指针变量。
3. 会使用字符串的指针和指向字符串的指针变量。

二、预备知识

指针是 C 语言中一个重要的组成部分，正确灵活地运用它可以编写出精练而高效的程序。

1. 指针和指针变量：

指针就是地址。

指针变量是存放地址的变量。

2. 指针运算符：

取地址运算符“&”：求变量的地址。

取内容运算符“*”：表示所指向的变量。

3. 指针变量与一维数组：

在 int a[10],*pa=a;的情况下：pa+i 或 a+i 等价于&a[i]；a[i], *(a+i), pa[i], *(pa+i)均等价。

4. 指针变量与字符串：

使用字符型指针变量处理字符串更加简单有效。

三、实验示例

【示例 1】建立 C 程序文件 6_1.cpp，编程实现如下功能：输入 a 和 b 两个整数，按从小到大的顺序输出这两个数。

1. 示例分析：

设两个指针变量 pa 和 pb，使它们分被指向 a 和 b。如果 a 大于 b，通过 pa 和 pb 交换 a 和 b 的值，使 a 中始终存放较小数，b 中存放较大数。顺序输出 a、b 就实现了两个数的从小到大输出。

2. 程序代码：

```
#include <stdio.h>
void main()
{
     int a,b,temp,*pa,*pb;
     pa=&a;pb=&b;
     scanf("%d,%d",&a,&b);
     if(a>b) {temp=*pa;*pa=*pb;*pb=temp;}
     printf("%d,%d\n",a,b);
}
```

3．运行结果：

```
5,3↙
3,5
```

说明：如果 a 大于 b，语句 temp=*pa;*pa=*pb;*pb=temp;使 a 和 b 值发生交换，如图 1-3-1 所示。

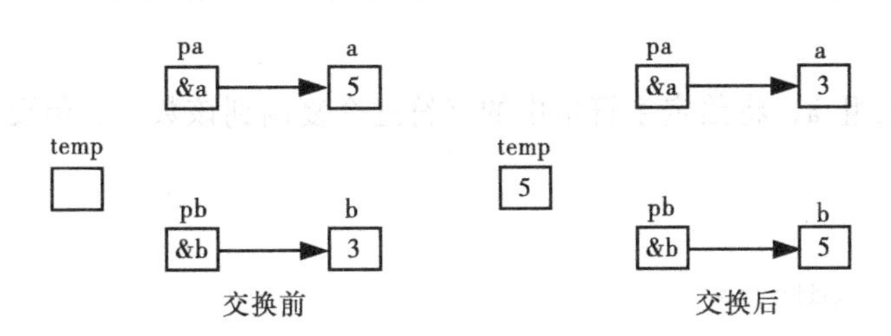

图 1-3-1 a 和 b 值交换示意图

【示例 2】建立 C 程序文件 6_2.cpp，编程实现如下功能：输入若干天的温度值，求平均温度。

1．示例分析：

用数组存放输入的若干个温度值，当输入完所需处理的温度后，输入“0”表示输入结束，然后对已输入的温度求平均值。

2．程序代码：

```
#include <stdio.h>
void main()
{
    float temper[31];
    float sum=0;
    int num,day=0;
    do
        scanf("%f",temper+day);
    while(*(temper+day++)>0);
    num=day-1;
    for(day=0;day<num;day++)
        sum+=*(temper+day);
    printf("average is %4.1f",sum/num);
}
```

3．运行结果：

```
34 28 29 39 27 26 0↙
avergae is 29.0
```

说明：输入的温度只能是正值，如果输入的温度有小于或等于 0，则应修改程序，请读者自己完成。

scanf()函数中的 temper+day 是数组元素 temper[day]的地址。这个 scanf()函数的作用是将输入的数值送到数组元素 temper[day]中。do…while 循环中，用 while(*(temper+day++)>0)来控制循环是否继续执行。*(temper+day++)的含义是：先求 temper+day 的值，然后按*(temper+day)得到 temper[day]的值，判断是否大于 0，如大于 0，则继续执行循环。在完成这些运算后，day 的值加 1。注意不要误认为是由于“++”的优先级比“+”高，所以先使 day 自加 1 然后与 temper 相加，day++是先使用完 day 的值之后再加 1。

当输入的数值等于或小于0时就不再执行循环而开始计算平均值。实际输入有用的温度数目为 day-1。请读者自己分析 sum+=*(temper+day)的作用。

【示例 3】建立 C 程序文件 6_3.cpp，编程实现如下功能：在一行字符串中删去指定的字符。例如，要求在一行文字："I have 50 Yuan." 中，删除字符 "0"，使其变为 "I have 5 Yuan."。

1．示例分析：

可设一个字符数组 a，将给定字符串中的字符逐个复制到该数组，但要删去的字符不能被复制。

2．程序代码：

```
#include <stdio.h>
void main()
{
    char *p="I have 50 Yuan.",a[20],x;
    int i=0;
    x='0';
    for(;*p!='\0';p++)
        if(*p!=x) a[i++]=*p;
    a[i]='\0';
    printf("The new string is:%s",a);
}
```

3．运行结果：

```
The new string is:I have 5 Yuan.
```

说明：在程序中，p 开始指向 "I"。在 for 循环中先判别*p 是否等于'\0'，如果不是'\0'，表示未遇到字符串结束标志；再判断*p 是否等于要求被删除的字符变量 x，如果不相等，就把*p 的值赋给 a[i]（i 的初值为 0，即第一次赋给 a[0]）。然后使 i 加 1，再进行上述判断。当*p==x 时，不执行 a[i++]=*p;语句，也就是跳过一个*p，i 也未自加，因此字符串中下一个字符送往数组 a 时将顺序先前移动一个位置。

四、实验内容

1．建立 C 程序文件 6_4.cpp，编程实现如下功能：输入 3 个整数，按由小到大的顺序输出。（用指针实现）

2．建立 C 程序文件 6_5.cpp，编程实现如下功能：从键盘输入两个字符串，将两个字符串连接起来，不使用 strcat()函数。

实验 7　结构体和共用体

一、实验目的

1．掌握结构体变量的定义和初始化。
2．掌握结构体数组的概念和应用。
3．掌握指向结构体的指针的概念和应用。
4．掌握共用体的概念和基本应用。

二、预备知识

1. 结构体是一种复杂而灵活的构造数据类型，它允许将若干个相关的、类型不全相同的数据项作为一个整体进行处理。

2. 结构体类型和结构体变量是不同的概念。对于结构体变量来说，在定义时一般先声明结构体类型，再定义结构体变量。声明一个结构体类型，系统不会分配内存来存放成员，只有定义了结构体变量后，才可能分配内存单元。

3. 结构体变量是一个整体，要访问其中的一个成员，必须先找到这个结构的变量，然后再找它的成员。引用成员的方式为：

　　结构体变量名.成员名

4. 数组的元素也可以是结构类型的。因此可以构成结构型数组。

5. 结构体变量在内存中的起始地址称为结构体变量的指针。可以设置一个指针变量，使之指向一个结构体变量。如果指针变量 p 已指向结构体变量 stu，则 stu.成员名、p->成员名、(*p).成员名三种形式等价。

6. 共用体类型的特点是：所有成员共享同一段内存空间。

三、实验示例

【示例 1】建立 C 程序文件 7_1.cpp，编程实现如下功能：输入 3 个学生信息并输出。

1. 示例分析：

用结构体数组存储输入的 3 个学生的信息，然后以列表形式输出学生信息。

2. 程序代码：

```
#include <stdio.h>
#include <stdlib.h>
void main()
{
    struct stud_type
    {
        char name[20];
        long num;
        int age;
        char sex;
        float score;
    };
    struct stud_type stu[3];
    int i;
    char ch;
    char numstr[20];
    for(i=0;i<3;i++)
    {
        printf("\Enter all data of students [%d]:\n",i);
        gets(stu[i].name);
        gets(numstr);stu[i].num=atol(numstr);
        gets(numstr);stu[i].age=atoi(numstr);
        stu[i].sex=getchar();ch=getchar();
        gets(numstr);stu[i].score=atof(numstr);
    }
```

```
        printf("\n record name \t\t  num  age  sex  score\n");
        for(i=0;i<3;i++)
            printf("%3d %-20s%8d%6d %3c %6.2f\n",i,stu[i].name,stu[i].num,
            stu[i].age,stu[i].sex,stu[i].score);
    }
```

3. 运行结果：

```
Enter all data of student[0]:
Wang gang↙
89101↙
19↙
m↙
89.5↙
Enter all data of student[1]:
Zhang gang↙
89102↙
20↙
m↙
90.5↙
Enter all data of student[2]:
Li Ling↙
89103↙
20↙
f↙
98↙
record      name          num     age    sex      score
0           Wang gang     89101   19     m        89.5
1           Zhang gang    89102   20     m        90.5
2           Li Ling       89103   20     f        98
```

【示例2】建立C程序文件7_2.cpp，编程实现如下功能：设有若干人员的数据，其中包括学生和教师。学生要填写的数据包括：姓名，职业，班级。教师要填写的数据包括：姓名，职业，职称。可以看出，学生和教师所填写的数据第3项是不同的。现在要求把它们放在同一表格中，如表1-3-1所示。

表1-3-1 数据表

姓 名	职 业	班 级 / 职 称
Mary	t	Prof
John	s	501

如果职业项为t（教师），则第3项为职称，即Mary的职称是Prof（教授）。如果职业项为s（学生），则第3项为班级，即John是501班的。

要求输入人员数据，然后再输出。

1. 示例分析：

对第3项可以用共用体来处理。为简化起见，只设两个人（一个学生、一个教师）的信息。

2. 程序代码：

```
#include <stdio.h>
void main()
{
    struct
```

```
    {
        char name[10];
        char job;
        union
        {
            int Class;
            char Zc[10];
        }depa;
    }body[2];
    int n,i;
    for(i=0;i<2;i++)
    {
        scanf("%s %c",body[i].name,&body[i].job);
        if(body[i].job=='s')
            scanf("%d",&body[i].depa.Class);
        else
            scanf("%s",body[i].depa.Zc);
    }
    printf("name\t job class/office\n");
    for(i=0;i<2;i++)
    {
        if(body[i].job=='s')
            printf("%s\t %3c %d\n",body[i].name,body[i].job,body[i].
            depa.Class);
        else
            printf("%s\t %3c %s\n",body[i].name,body[i].job,body[i].
            depa.Zc);
    }
}
```

3. 运行结果：

```
Mary  t  prof↙
John  s  501↙
name  job  class/office
Mary  t    prof
John  s    501
```

说明：本例程序用一个结构数组 body 来存放人员数据，该结构共有三个成员。其中成员项 depa 是一个共用体类型，这个共用体又由两个成员组成，一个为整型量 Class，一个为字符数组 Zc。在程序的第一个 for 语句中，输入人员的各项数据，先输入结构的前两个成员 name 和 job，然后判别 job 成员项，如为 s，则对共用体 depa.Class 输入；否则对 depa.Zc 输入。

四、实验内容

1. 建立 C 程序文件 7_3.cpp，编程实现如下功能：输入若干图书信息并输出。（用指向结构体数组指针实现）

2. 建立 C 程序文件 7_4.cpp，编程实现如下功能：读入若干个学生的数据，每个学生包括学号、姓名、性别，若为男生，还输入视力是否正常，若为女生，还要输入身高和体重，最后输出这些数据。（用共用体实现）

第 4 章 结构化程序设计的应用

本章实验意在综合前几章学习内容，将结构化程序设计思想进一步深化，通过实验示例可独立完成实验内容。

实验 8　数组的高级应用

一、实验目的

1. 掌握数组的定义和初始化。
2. 正确使用数组元素下标，掌握数组元素的引用、赋值、输入和输出。
3. 熟练使用数组解决实际问题。

二、预备知识

在掌握数组及程序流程控制的基础上，进一步对这部分的知识作深入的探究。其中包括二分法在整型数组和字符型数组中的使用。

二分法：也称做折半算法。一般用于有序数组中某一数据的查找，如 1、2、3、4、5、6、7、8、9、10 这 10 个数，要找 3 这个数。首先计算 10/2=5（折半，将数分成了两部分：1、2、3、4、5 和 6、7、8、9、10），已知 3<5，所以只需要在 1 ~ 5 这个范围查找即可。

三、实验示例

【示例 1】建立 C 程序文件 8_1.cpp，编程实现以下功能：定义一个有 10 个元素的整型数组，从键盘输入一个数，若在此数组中便输出该数在数列的前部分还是后部分，否则输出“查无此数!”。

1．示例分析：

由于要使用“二分法”，所以先对这 10 个整数进行排序，然后在有序的数组中查找结果。

2．程序代码：

```
#include <stdio.h>
void main()
{   int a[11],i,j,t,x,mid;
    printf("请输入个数:");
    for(i=1;i<11;i++)
        scanf("%d",&a[i]);              /*输入个数*/
    for(i=1;i<11;i++)                   /*使用冒泡法对个数进行升序排列*/
```

```
        for(j=1;j<=10-i;j++)
            if(a[j]>a[j+1])
            {
                t=a[j];
                a[j]=a[j+1];
                a[j+1]=t;
            }
    printf("由小到大排列好的数组为:\n");
    for(i=1;i<11;i++)
        printf("%4d",a[i]);           /*将排序后的数组输出*/
    printf("\n");
    printf("请输入要查找的数据:");
    scanf("%d",&x);
    mid=(1+10)/2;
    for(i=1;i<11;i++)
    {   if(x>a[10]||x<a[1])           /*排除不在此数组中的可能*/
        {
            printf("查无此数!\n");
            break;
        }
        else if(x>a[mid])             /*二分法查找并输出结果*/
        {
            printf("数%d在数列前半部分。\n",x);
            break;
        }
        else
        {
            printf("数%d在数列后半部分。\n",x);
            break;
        }
    }
}
```

3. 运行结果:

```
请输入10个数: 6 12 5 7 45 62 17 89 44 8↙
由小到大排列好的数组为:
5   6   7   8  12  17  44  45  62  89
请输入要查找的数据: 12
数12在数列后半部分。
```

【示例 2】建立 C 程序文件 8_2.cpp，编程实现以下功能：输出 1 000～9 999 范围内全部的回文数。

1. 示例分析:

回文数指的是一个自然数无论从前往后看还是从后往前看都是相同的。使用循环控制已知范围内数据的输入，再求出各位上的具体数值，若个位与千位相等、十位与百位相等就输出，反之继续查找。

2. 程序代码:

```
#include <stdio.h>
int main()
{
```

```
        int a,m,n,j,i,s=0;
        for(a=1000;a<=9999;a++)
        {
            i=a/1000;                  /*a 的千位数*/
            m=a%10;                    /*a 的个位数*/
            n=a/100-i*10;              /*a 的百位数*/
            j=a/10-i*100-n*10;         /*a 的十位数*/
            if(i==m&&n==j)
                printf("%d ",a);
        }
    }
```

3. 运行结果：

```
1001 1111 1221 1331 1441 1551 1661 1771 1881 1991 2002 2112 2222 2332 2442 2552
2662 2772 2882 2992 3003 3113 3223 3333 3443 3553 3663 3773 3883 3993 4004 4114
4224 4334 4444 4554 4664 4774 4884 4994 5005 5115 5225 5335 5445 5555 5665 5775
5885 5995 6006 6116 6226 6336 6446 6556 6666 6776 6886 6996 7007 7117 7227 7337
7447 7557 7667 7777 7887 7997 8008 8118 8228 8338 8448 8558 8668 8778 8888 8998
9009 9119 9229 9339 9449 9559 9669 9779 9889 9999
```

四、实验内容

1. 建立 C 程序文件 8_3.cpp，编程实现以下功能：定义一个有 10 个元素的整型数组，从键盘输入一个数，若在此数组中便输出所在的具体位置，否则输出“查无此数!”。(要求使用二分法)

2. 建立 C 程序文件 8_4.cpp，编程实现以下功能：输出全部的 3 位回文数，要求每输出 10 个结果换行。

3. 建立 C 程序文件 8_5.cpp，编程实现以下功能：输入一串字符，判断该字符串是否回文。

提示： 使用字符串处理函数输入字符串，以中间为界线，从字符串两端开始依次比较各对字符元素是否相等，若相等输出“该字符串回文”，否则输出“该字符串不回文”。

五、思考题

1. 查找一个数是否在所定义的数组中的算法，除了二分法还能怎样编程？
2. 将一个数插入到有序的数组中，不打乱原来的顺序。

实验 9　指针的应用

一、实验目的

1. 掌握指针的概念，指针定义的方法。
2. 学会用指针对变量、数组、字符串进行操作。

二、预备知识

在掌握指针定义概念后，进一步掌握指针数组的概念与应用及指针与字符串的关系。

三、实验示例

【示例 1】建立 C 程序文件 9_1.cpp，编程实现两个变量数据的交换。

1．示例分析：

step1 定义整型变量 a、b 和指针变量*pt1、*pt2，pt1 指向变量 a，pt2 指向变量 b，变量 a、b 的值由键盘输入，并在屏幕上输出未交换前变量 a、b 的值。

step2 数据交换。临时指针变量 ptemp 指向临时变量 temp；将 pt1 所指单元内容赋给 ptemp。pt2 所指单元内容赋给 pt1，ptemp 所指单元内容赋给 pt2，实现数据交换。

step3 显示交换后变量内容。

2．程序代码：

```
#include <stdio.h>
void main()
{    int a,b,temp,*pt1,*pt2,*ptemp;
     printf("请输入两个整数: \n");
     pt1=&a;
     pt2=&b;
     scanf("%d%d",&a,&b);
     printf("未交换前: \n");
     printf("a=%d\tb=%d\n",a,b);
     printf("*pt1=%d\t*pt2=%d\n",*pt1,*pt2);
     ptemp=&temp;
     *ptemp=*pt1;
     *pt1=*pt2;
     *pt2=*ptemp;
     printf("交换后: \n");
     printf("a=%d\tb=%d\n",a,b);
     printf("*pt1=%d\t*pt2=%d\n",*pt1,*pt2);
}
```

3．运行结果：

```
请输入两个整数:
23 56↙
未交换前:
a=23    b=56
*pt1=23 *pt2=56
交换后:
a=56    b=23
*pt1=56 *pt2=23
```

【示例 2】建立 C 程序文件 9_2.cpp，编程实现以下功能：将 s2 字符串连接到 s1 的后面。

1．示例分析：

step1 定义两个字符数组 s1、s2，因为要将 s2 的内容连接到 s1 的后面，所以定义的数组 s1 要足够大；定义字符指针 spt1 指向 s1，spt2 指向 s2；显示未连接时字符串内容。

step2 进入循环，判断 pt1 所指单元内容是否为空字符，若不是空字符，则 pt1 指向下一单元；否则结束循环。

step3 pt1 减 1，去掉 pt1 所指的空字符单元，进入循环将 pt2 所指单元内容赋给 pt1 所指单元，当遇到空字符时循环结束；将空字符赋给 pt1 所指最后单元，作为字符串结束标记。

step4 显示连接后字符串的内容。

2．程序代码：

```
#include <stdio.h>
void main()
{     char s1[20]="Hello!";
      char s2[10]="cheer";
      char *pt1=s1,*pt2=s2;
      printf("未连接时 s1,s2 内容: \n");
      printf("s1=%s\t",s1);
      printf("s2=%s\n",s2);
      while(*pt1++!='\0');
          pt1--;
      while(*pt1++=*pt2++);
          *pt1='\0';
      printf("连接后 s1,s2 内容: \n");
      printf("s1=%s\t",s1);
      printf("s2=%s",s2);
}
```

3．运行结果：

```
未连接时 s1,s2 内容:
s1=Hello!       s2=cheer
连接后 s1,s2 内容:
s1=Hello!cheer  s2=cheer
```

四、实验内容

建立 C 程序文件 9_3.cpp，输入下列程序并补充完整。该程序的功能是统计一个长度为 2 的子字符串在另一个字符串中出现的次数。假定输入的字符串为"pas12asdfg asd as zx67 asd mklo"，子字符串为"as"，输出结果是 5。

```
#include <stdio.h>
void main()
{     char str[81],substr[3],*pstr,*psubstr;
      int n=0;
      pstr=str;
      psubstr=substr;
      printf("输入原字符串:");
      gets(str);
      printf("输入子字符串:");
      gets(substr);
      while(*pstr)
      {
          while(*psubstr)
           if(________)
           {
               pstr++;
               psubstr++;
           }
           else break;
           if(____________)
               n++;
```

```
            pstr++;
            __________;
        }
        printf("n=%d\n",n);
    }
```

五、思考题

1. 在示例 1 中若将“*ptemp=*pt1;*pt1=*pt2;*pt2=*ptemp;”改为“ptemp=pt1;pt1=pt2;pt2=ptemp;”，能否实现交换。

2. 在示例 2 中将*pt1='\0';去掉，输出会是什么结果?

3. 按下述要求编写密码检查程序（假设正确的密码为 6666）。

（1）若输入密码正确，则提示“欢迎进入程序”，结束；

（2）若输入密码不正确，则提示“密码输入错误!”，同时检查密码是否已输入三次，若未输入三次，则提示“请重新输入：”，相反，若用户已输入了三次，则提示“您已输入三次密码!”程序结束。

提示：设计一个计数器。每输入一次密码，计数器计数一次，同时设置标置变量 flag，当输入密码正确或虽然输入不正确但已输入三次时，置标志变量 flag 为 0，不允许再输入，程序结束，反之当标志变量未发生改变（即为 1）时，则请求用户继续输入密码。

实验 10　结构体的应用

一、实验目的

1. 掌握结构变量定义方式。
2. 掌握结构成员的各种引用方式。
3. 学会使用结构体变量与指向结构的指针。

二、预备知识

掌握结构的定义与结构体变量的定义与使用，熟悉通过结构体变量和结构体指针变量引用结构体成员。

三、实验示例

【示例 1】建立 C 程序文件 10_1.cpp，编程实现以下功能：已知两个复数，求它们的和与积。

1．示例分析：

step1　定义复数结构体类型，它有两个浮点型成员。

step2　定义结构体类型变量 cmp1 和 cmp2，从键盘上取得两个复数的实部和虚部，并输出。

step3　实现 cmp1 和 cmp2 两个数据成员实部与虚部的相加与相乘运算，并将结果输出。

2．程序代码：

```
#include <stdio.h>
/*复数结构定义*/
struct complex{
```

```
    float real;
    float img;
};
void main()
{   struct complex cmp1,cmp2;
    printf("请输入两个复数的实部与虚部: \n");
    scanf("%f%f%f%f",&cmp1.real,&cmp1.img,&cmp2.real,&cmp2.img);
    printf("两个复数分别是: \n");
    printf("cmp1=%6.2f+%6.2fi\tcmp2=%6.2f+%6.2fi\n",cmp1.real,cmp1.img,
    cmp2.real,cmp2.img);
    /*两复数相加*/
    printf("两个复数相加结果是: \n");
    printf("cmp1+cmp2=%6.2f+%6.2fi\n",cmp1.real+cmp2.real,cmp1.
    img+cmp2.img);
    /*两复数相乘*/
    printf("两个复数相乘结果是: \n");
    printf("cmp1*cmp2=%6.2f+%6.2fi\n",cmp1.real*cmp2.real,cmp1.img*cmp2.
    img);
    return;
}
```

3．运行结果:

```
请输入两个复数的实部与虚部:
4.3 6.1 3.5 7.6↙
两个复数分别是:
cmp1=  4.30+  6.10i    cmp2=  3.50+  7.60i
两个复数相加结果是:
cmp1+cmp2=  7.80+ 13.70i
两个复数相乘结果是:
cmp1*cmp2= 15.05+ 46.36i
```

【示例 2】建立 C 程序文件 10_2.cpp，编程实现以下功能：构建简单的手机通讯录，联系人的基本信息：姓名、年龄和联系电话，最多容纳 50 名联系人的信息，具有新建和查询功能。

1．示例分析:

step1 定义 friends_list 结构体，其成员包括姓名（name），年龄（age），电话（telephone）。

step2 在主函数中定义结构体类型数组 friends，数组长为 50（可适当减少数组长度），定义整型变量 choice，其值由用户输入，根据其值决定对手机通讯录的操作：1 新建 2；查询 0；退出；定义整型变量 Count，限定手机通讯录的大小，当 Count 等于 50 时认为手机通讯录已满，不能再输入信息。

step3 进入循环，根据用户输入的值不同实现对手机通讯录的建立与查询，当用户输入值为 0 时退出循环，程序结束；实现查询时，只能通过姓名查询。

2．程序代码:

```
#include <stdio.h>
#include <string.h>
/*手机通讯录结构定义*/
struct friends_list
{
```

```
        char name[10];                                      /*姓名*/
        int age;                                            /*年龄*/
        char telephone[13];                                 /*联系电话*/
    };
    void main()
    {   int choice,Count=0;
        char name[10];
        struct friends_list friends[50];                    /*包含个人的通讯录*/
        do
        {
            printf("手机通讯录功能选项: 1新建; 2查询; 0退出\n");
            printf("请选择功能: ");
            scanf("%d",&choice);
            switch(choice)
            {
            case 1:
                if(Count==50)
                  {
                      printf("通讯录已满!\n");
                      return;
                  }
                  struct friends_list f;
                  printf("请输入新联系人的姓名:");
                  scanf("%s",f.name);
                  printf("请输入新联系人的年龄:");
                  scanf("%d",&f.age);
                  printf("请输入新联系人的联系电话:");
                  scanf("%s",f.telephone);
                  friends[Count]=f;
                  Count++;
                  break;
            case 2:
            {   int i,flag=0;
                printf("请输入要查找的联系人名:");  scanf("%s",name);
                if(Count==0)
                {   printf("通讯录是空的!\n");
                    return;
                }
                for(i=0; i<Count; i++)
                    if(strcmp(name,friends[i].name)==0)      /* 找到联系人*/
                    {   flag=1;
                        break;
                    }
                if(flag)
                {   printf("姓名: %s\t",friends[i].name);
                    printf("年龄: %d\t",friends[i].age);
                    printf("电话: %s\n",friends[i].telephone);
                }
                else
                    printf("无此联系人!");
```

```
                    break;
                }
            case 0: break;
        }
    }while(choice!=0);
    printf("谢谢使用通讯录功能!\n");
    return;
}
```

3．运行结果：

```
手机通讯录功能选项：1 新建；2 查询；0 退出
请选择功能：1
请输入新联系人的姓名：陈红
请输入新联系人的年龄：23
请输入新联系人的联系电话：857921
手机通讯录功能选项：1 新建；2 查询；0 退出
请选择功能：1
请输入新联系人的姓名：王刚
请输入新联系人的年龄：43
请输入新联系人的联系电话：879532
手机通讯录功能选项：1 新建；2 查询；0 退出
请选择功能：2
请输入要查找的联系人名：陈好
无此联系人!手机通讯录功能选项：1 新建；2 查询；0 退出
请选择功能：2
请输入要查找的联系人名：陈红
姓名：陈红        年龄：23        电话：857921
手机通讯录功能选项：1 新建；2 查询；0 退出
请选择功能：
```

四、实验内容

建立 C 程序文件 10_3.cpp，编程实现以下功能：设有 10 个学生，每个学生包括学号、姓名、三门课成绩，编程求每个学生的总成绩并输出总分最高学生的各门课成绩及总分。

五、思考题

利用结构体指针变量能否实现示例 2 中的功能？若能，请用结构体指针变量实现。

第 5 章 函数和预处理

本章实验的目的是使大家掌握函数的定义、声明、调用，理解主调函数和被调函数之间的数据传递方式，掌握函数的递归调用和嵌套调用，全局变量和局部变量的定义使用，外部函数和内部函数的定义和使用，预处理命令的使用。

实验 11　函数的定义和调用

一、实验目的

1. 熟练掌握函数的定义、声明和函数的调用。
2. 理解函数返回值、实参、形参的含义及实参和形参的数据传递方式。

二、预备知识

1. 函数是具有一定功能的程序段，用户可以根据需要定义一个函数，在使用时调用该函数。在使用前，要预先声明和定义函数。

函数声明的一般格式为：

```
类型说明符 被调函数名(类型 形参, 类型 形参…);
```

或为：

```
类型说明符 被调函数名(类型, 类型…);
```

函数定义的一般格式为：

```
[函数类型]  函数名([数据类型  参数1, 数据类型  参数2,…])
{ 说明语句部分;
  可执行语句部分;
  [return 表达式;]
}
```

2. 函数调用的一般格式为：

```
函数名(实际参数表);
```

3. 调用函数时，要将实参的值传递给形参，所以实参和形参在数量上、类型上、顺序上应严格一致，否则会发生类型不匹配的错误。主调函数把实参的值传送给被调函数的形参从而实现主调函数向被调函数的数据传送。传送的方式有两种：值传递和地址传递。

三、实验示例

【示例 1】建立 C 程序文件 11_1.cpp，编程实现以下功能：已知圆的半径为 r，求圆的周长和面积。

1．示例分析：

根据题意定义两个函数 float circle(float r)和 float area(float r)分别求圆的周长和面积，然后调用这两个函数求出圆的周长和面积。半径 r 的值在主函数中从键盘输入，并检查其合法性。

2．程序代码：

```
#include <stdio.h>
#define PI 3.14159
float circle(float r);
float area(float r);
void main(void)
{    float r;
     while(1)
     {   printf("请输入半径：");
         scanf("%f",&r);
         if(r>0) break;
         else printf("数据应大于零，请重新输入：");
     }
     printf("半径为%f 的圆的周长是：%f\n",r,circle(r));
     printf("半径为%f 的圆的面积是：%f\n",r,area(r));
}
float circle(float r)
{    float CIR;
     CIR=2*PI*r;
     return cir;
}
float area(float r)
{    float AREA;
     AREA=PI*r*r;
     return AREA;
}
```

3．运行结果：

```
请输入半径：-3↙
数据应大于零，请重新输入：3↙
半径为 3.000000 的圆的周长是：18.849540
半径为 3.000000 的圆的面积是：28.274310
```

【示例 2】建立 C 程序文件 11_2.cpp，编程实现以下功能：从键盘输入若干个整数（整数个数小于 30）存入数组 prn 中，以-9999 做结束标志，编写函数 aver(int ave[],int n)（n 为整数的个数）求这些数的平均值，在主函数中调用 aver()并输出结果。

1．示例分析：

根据题意在主函数中定义 int prn[30]，用来存放这些整数，由于整数个数未知，需要定义一个变量，例如 m 来统计整数的个数，然后调用 aver()函数，将数组 prn 的首地址传送给形参数组 ave，整数个数 m 传送给形参 n，求出 m 个整数的平均数。

2．程序代码：

```
#include <stdio.h>
#define N 30
float aver(int ave[],int n);
void main(void)
```

```
{    int prn[N],m=0,x;
     printf("请输入若干整数，以空格分开，输入-9999 结束\n");
     do
     {    scanf("%d",&x);
          prn[m]=x;
          m++;
     }
     while(x!=-9999);
     printf("共有%d 个整数，其平均值为: %f\n",m-1,aver(prn,m-1));
}
float aver(int ave[],int n)
{    float AVER=0;
     int i;
     for(i=0;i<n;i++)
         AVER+=ave[i];
     AVER=AVER/(float)n;
     return AVER;
}
```

3．运行结果：

```
请输入若干整数，以空格分开，输入-9999 结束
1 2 3 4 5 -9999↙
共有 5 个整数，其平均值为: 3.000000
```

四、实验内容

1. 建立 C 程序文件 11_3.cpp，编写函数 int gy(int m,int n,int p)和 int gb(int m,int n,int p)分别求三个正整数的最大公约数和最小公倍数，在主函数中输入三个正整数并检验其合法性，然后输出三个正整数的最大公约数和最小公倍数。

2. 建立 C 程序文件 11_4.cpp，编写函数 void sort(int x[],int m)，将 m 个整数按从小到大顺序排列，在主函数中完成输入 m 个整数、调用 sort()函数、输出排序结果的任务。

3. 建立 C 程序文件 11_5.cpp，编写函数 int letternum(char *str)，求一个字符串中字母的个数。在主函数中完成字符串的输入，然后调用 letternum()函数，输出结果。

五、思考题

1. 函数的声明、函数的定义、函数的调用在格式上有什么不同？

2. 函数的声明、函数的定义、函数的调用在使用时有哪些一致性要求，请读者在上机过程中注意总结。

3. 示例 2 的语句 printf("共有%d 个整数，其平均值为：%f\n",m-1,aver(prn,m-1))中，m-1 能否换成 m，为什么？

4. 示例 2 中的函数原型若改为 void str_copy(char str1[],char str2[]);，程序应如何修改？

5. 在调用函数时，主调函数将实参传递给形参时有两种方式，即值传递和地址传递，试说明这两种方式有什么不同。

实验 12　函数的递归调用和嵌套调用

一、实验目的

1. 理解函数的递归调用和嵌套调用的执行过程。

2. 理解递归函数的结构，根据递归公式正确地写出递归函数。

二、预备知识

1. 函数的嵌套调用是指在一个函数体内可以包含另一个函数的调用，但不能包含另一个函数的定义。主函数可以调用其他函数，其他函数（除主函数外）之间也可以互相调用。主函数不可以被调用。

2. 函数的递归调用是指函数自身被直接或间接地调用。通常根据递归公式来写出递归函数，为了使递归调用的次数有限，往往在函数体内用 if 语句进行控制。有些问题只能使用递归函数解决。

三、实验示例

【示例 1】建立 C 程序文件 12_1.cpp，编程实现以下功能：用牛顿迭代法求 $\sqrt{a}$（其中 $a\geqslant 0$）的近似值。精度为 0.00001。

1. 示例分析：

求 $\sqrt{a}$ 的值，可转化为求方程 $x^2-a=0$ 的根，用牛顿迭代公式可得：

$$x_{n+1}=x_n-\frac{f(x_n)}{f'(x_n)}=x_n-\frac{x_n{}^2-a}{2x_n}=\frac{1}{2}(x_n+\frac{a}{x_n})$$

计算过程如下：

（1）首先给 x_n 赋值 a。

（2）计算 $x_{n+1}=\frac{1}{2}(x_n+\frac{a}{x_n})$。

（3）若$|x_{n+1}-x_n-a|<0.00001$，则 x_{n+1} 即为满足精度要求的近似值，否则 $x_n=x_{n+1}$，转步骤（2）。

在此定义两个函数 double sqr_root(double x)用来求 x 的平方根，double fun(double x0,double b)用来求 $\frac{1}{2}(x_0+\frac{a}{x_0})$ 的值，但是在调用 sqr_root()函数时要调用 fun()函数，形成函数的嵌套调用。

2. 程序代码：

```
#include <stdio.h>
#include <math.h>
double sqr_root(double x);
double fun(double x0,double b);
void main()
{   float a,sqra;
    printf("请给变量 a 赋值: ");
    scanf("%f",&a);
    sqra=sqr_root(a);
    printf("%f 的平方根为: %f",a,sqra);
}
double sqr_root(double x)
{   float e=0.00001,x0=x,x1;/*x0 为初始值, x 的初值为 a*/
    x1=fun(x0,x);
    while(fabs(x1-x0)>e)
    {   x0=x1;
        x1=fun(x0,x);
    }
```

```
        return(x1);
    }
    double fun(double m,double b)
    {   double y;
        y=(m+b/m)/2.0;
        return y;
    }
```

3. 运行结果：

```
请给变量 a 赋值：5
5.000000 的平方根为：2.236068
```

【示例 2】建立 C 程序文件 12_2.cpp，编程实现以下功能：已知一个数列的前三项均为 1，以后各项为前三项之和。用递归函数输出此数列的前 20 项，每行输出 10 个数。

1. 示例分析：

根据题目要求写出如下递归公式：

```
f(1)=1
f(2)=1
f(3)=1
…
f(n)=f(n-1)+f(n-2)+f(n-3)(n>3)
```

再写出递归函数。

2. 程序代码：

```
#include  <stdio.h>
void main()
{     long f(int  n);
      int  i;
      for(i=1;i<=20;i++)
      {   printf("%6d",f(i));
          if(i%10==0)   printf("\n");
      }
}
long f(int  n)
{   long  t;
    if(n==1||n==2||n==3)  t=1;
    else  t=f(n-1)+f(n-2)+f(n-3);
    return(t);
}
```

3. 运行结果：

```
1     1     1     3     5     9     17 31     57     105
193   355   653   1201  2209  4063  7473  13745  25281  46499
```

四、实验内容

1. 建立 C 程序文件 12_3.cpp，编程实现以下功能：用牛顿迭代法求方程 $x^3-2x^2+5x-3=0$ 在[0,1]之间的一个根，$x0$ 的初始值取 1，精度为 0.00001。

2. 建立 C 程序文件 12_4.cpp，编程实现以下功能：已知数列的前两项为 0 和 1，以后各项满足 $x_n+2x_{n-1}=x_{n-2}$，编写递归函数求这个数列的前 15 项，按照每行 5 个数输出。

五、思考题

1. 示例 1 中的 sqr_root()函数中执行循环的条件 fabs(x1-x0)>e 能否改成 fabs(x1*x1-a)>e 或改成 fabs(x0*x0-a)>e?

2. 示例 1 中的 sqr_root()函数中执行循环的条件 fabs(x1-x0)>e，将>改成==是否合适？为什么？

3. 总结递归函数的结构和书写规范。

实验 13　变量的作用域和存储类型、内部函数和外部函数

一、实验目的

1. 理解全局变量和局部变量的含义，掌握全局变量和局部变量的定义和声明，理解全局变量和局部变量的各种存储类型的定义。

2. 理解内部函数和外部函数的含义，掌握内部函数和外部函数的定义和声明。

二、预备知识

1. 根据变量的作用范围，可将变量分为全局变量和局部变量。在函数内部定义的变量称为局部变量，其作用范围仅限于所在函数，形参也是局部变量；在函数外部定义的变量称为全局变量，其作用范围从定义点开始到文件结束，若在定义点之前使用外部变量，需用 extern 声明，格式为：

```
extern 变量名;
```

2. 变量的完整定义形式为：

```
[存储类别] 数据类型 变量名[=初始值];
```

存储类别可取的关键字有 auto、static、extern、register 四个，省略存储类别对于局部变量默认为 auto，对于全局变量等同于 extern 即外部变量。存放在动态存储区中的局部变量当使用完毕即刻释放所占内存空间，其初值不确定，往往需要赋初值，而存放在静态存储区中局部变量和全局变量所占的内存空间不被释放，保存上一次的值，其初值为 0 或空字符。static 修饰局部变量表示该变量存放在静态存储区，而修饰全局变量则表示该变量是内部变量，只能被本文件中的函数使用。

3. 从能否被其他文件中的函数调用的角度看，函数分为内部函数和外部函数。内部函数的定义形式为：

```
static [返回值类型] 函数名([形参列表])/*若函数的返回值为 int 型，返回值类型可以省略*/
```

外部函数的定义形式为：

```
[extern]  [返回值类型] 函数名([形参列表])
```

在其他文件中调用外部函数时，需要声明被调函数是一个外部函数，声明的格式为：

```
extern [返回值类型] 函数名([形参列表]); /*若函数的返回值为 int 型，返回值类型可以省略*/
```

三、实验示例

【示例 1】建立 C 程序文件 13_1.cpp，输入以下程序，注意分析静态局部变量和动态局部变量的特点。

```
#include <stdio.h>
int fun()
```

```
{    auto a=0;
     int b=0;
     static c=0;
     extern d;            /*因为变量d定义在后，需对变量d进行声明*/
     a++;b++;c++
     return a+b+c+d;
}
int d=10;                 /*定义变量d为全局变量*/
void main()
{    int d=8;
     for(int i=1;i<=3;i++)
         printf("第%d次调用fun()函数的值: %d , 变量d的值%d\n: ",i,fun(),d);
}
```

2. 运行结果：

```
第1次调用fun()函数的值: 13, 变量d的值8
第2次调用fun()函数的值: 14, 变量d的值8
第3次调用fun()函数的值: 15, 变量d的值8
```

【示例 2】建立工程文件 13_2，在其中新建源文件 13_1.cpp 和 13_2.cpp。按要求输入以下程序，注意外部变量的定义和声明，外部函数的定义和声明及内部函数的定义。

13_1.cpp 中的内容：

```
#include <stdio.h>
void main()
{    extern fun();     /*外部函数的声明*/
     printf("调用13_2.cpp文件的结果\n");
     fun();
}
```

13_2.cpp 中的内容：

```
extern int  f=10;
static int g=100;
#include<stdio.h>
void fun()             /*外部函数*/
{    int a=1,b=2,c=3;
     printf("在fun()函数中a=%d, b=%d, c=%d\n",a,b,c);
     printf("在13_2.cpp文件中f=%d\n",f);
}
```

运行结果如下：

```
调用13_2.cpp文件的结果
在fun()函数中a=1, b=2, c=3
在13_2.cpp文件中f=10
```

四、实验内容

1. 建立 C 程序文件 13_3.cpp，编写函数 int gygb(int x,int y)求两个正整数的最大公约数和最小公倍数，在主函数中输入数据，调用 gygb()函数，输出结果。（提示：使用全局变量存放最大公约数）

2. 使用多文件处理上述问题，首先创建空工程 13_4，再在其中创建新源文件 13_3.cpp 和 13_4.cpp，13_3.cpp 中存放主函数，13_4.cpp 中存放 gygb()函数。

五、思考题

1. 通过示例 1 能验证哪些结论？将 fun()函数中 int b=0;改为 int b;再次运行程序，会有什么结果？这个结果对你有什么启示？

2. 在示例 2 中去掉 13_2.cpp 文件中的#include<stdio.h>，再次运行程序，会出现什么错误提示？

3. 将示例 2 中 13_2.cpp 文件中的 printf("在 13_2.cpp 文件中 f=%d\n",f);改为 printf("在 13_2.cpp 文件中 f=%d，g=%d\n",f,g);，再次运行程序会出现什么错误提示？应如何修改？

4. static 修饰全局变量和局部变量含义一样吗？

实验 14　编译预处理

一、实验目的

1. 掌握宏定义的方法。
2. 掌握文件包含处理的方法。
3. 掌握条件编译的方法。

二、预备知识

1. 宏定义的一般形式为：

```
#define 宏名[形参表] 字符串
```

形参表可以根据需要进行选择，当使用了形参后，字符串中必须包含此参数，宏名从定义点到文件末尾一直有效，直至遇到#undefined。使用宏定义可以在一定程度上提高程序的通用性。

2. 文件包含的一般形式为# include "文件名"或# include <文件名>，使用该命令可以将指定文件与当前文件连接为一体，成为一个文件，编译后形成一个.obj 文件。使用文件包含命令通常将.c 和.h 文件包含到当前文件中。

3. 条件编译有三种形式：

第一种形式：

```
#ifdef 标识符
程序段1
#else
程序段2
#endif
```

它的功能是，如果标识符已被#define 命令定义过则对程序段 1 进行编译；否则对程序段 2 进行编译。如果没有程序段 2，本格式中的#else 可以省略。

第二种形式：

```
#ifndef 标识符
程序段1
#else
程序段2
#endif
```

它的功能是，如果标识符未被#define 命令定义过，则对程序段 1 进行编译；否则对程序段 2 进行编译。这与第一种形式的功能正相反。

第三种形式：

```
#if 常量表达式
程序段 1
#else
程序段 2
#endif
```

它的功能是，如果常量表达式的值为真（非 0），则对程序段 1 进行编译；否则对程序段 2 进行编译。因此可以使程序在不同条件下，完成不同的功能。

三、实验示例

【示例 1】 建立 C 程序文件 14_1.cpp，编程实现以下功能：定义一个带参数的宏，使两个参数的值互换，在主函数中输入两个数作为宏的参数，输出已交换后的两个值。

1．示例分析：

带参数的宏可以定义为#define swap(x,y) int t;t=x,x=y,y=t。

2．程序代码：

```
#include <stdio.h>
#define swap(x,y)  int t;t=x,x=y,y=t
void main()
{    int x=5,y=6;
     swap(x,y);
     printf("x=%d , y=%d\n",x,y);
}
```

【示例 2】 建立一个工程 14_2，在其中创建 C 源文件 14_1.cpp 和头文件 print_format.h，在头文件中设计如下格式：① 一行输出一个实数；② 一行输出两个实数；③ 一行输出三个实数。实数用“%6.2f”格式输出。

1．示例分析：

用一个文件 print_format.h 包含上述用#define 命令定义的格式，在自己的文件中（如 14_1.cpp）用#include 命令将 print_format.h 文件包含进来。在程序中用 scanf()函数读入三个实数给 f1、f2、f3。然后用上述定义的三种格式分别输出：① f1；② f1、f2；③ f1、f2、f3。

2．程序代码：

print_format.h 中的内容：

```
#define NL "\n"
#define D "%6.2f"
#define D1 D NL
#define D2 D "\t" D NL
#define D3 D "\t" D "\t" D NL
```

用户文件 14_1.cpp 中的内容：

```
#include <stdio.h>
#include"\print_format.h"
void main()
{    float f1,f2,f3;
     printf("请输入三个实数: ");
     scanf("%f%f%f",&f1,&f2,&f3);
```

```
        printf(D1,f1);
        printf(D2,f1,f2);
        printf(D3,f1,f2,f3);
    }
```

3．运行结果：

```
请输入三个实数: 1.5 2.5 3.5↙
1.50
1.50     2.50
1.50     2.50     3.50
```

【示例 3】建立 C 程序文件 14_2.cpp，编程实现以下功能：设置条件编译，使程序输出字符串或其逆序。

1．示例分析：

在程序中定义宏名 R，R 定义为 0 输出字符串的逆序，定义非 0 输出字符串本身。

2．程序代码：

```
#define R 0
#include <stdio.h>
#include <string.h>
void main()
{   char str1[100],str2[100];
    int i,j;
    printf("请输入一个字符串:  ");
    gets(str1);
    #if R
        printf("字符串是: %s\n",str1);
    #else
        j=strlen(str1)-1;
        for(i=0;j>=0;i++,j--)
            str2[i]=str1[j];
        str2[i]='\0';
        printf("逆序字符串是: %s\n",str2);
    #endif
}
```

3．运行结果：

```
请输入一个字符串: hello
逆序字符串是: olleh
```

四、实验内容

1. 建立 C 程序文件 14_3.cpp，编程实现以下功能：定义宏求两个整数中的较大数。

2. 建立一个工程 14_4，在工程中建立文件 format.h，将下列宏定义存入该文件中，再在工程中建立 C 程序文件 14_4.cpp，在 14_4.cpp 文件中用#include 命令将 format.h 文件嵌入进来并验证这些格式的作用。

```
#define PF printf
#define NL "\n"
#define D "%d"
#define F "%f"
#define S "%s"
#define C "%c"
```

3. 建立 C 程序文件 14_5.cpp，编程实现以下功能：设置条件编译，使程序输出电报明码或密文，加密方法自定。（提示：用一个字符串存放电报明码，用另一个字符串存放密文）

五、思考题

1. 理解宏的展开形式和使用。
2. 理解文件包含的作用和使用方法，总结使用中的注意事项。
3. 理解条件编译几种形式的作用和使用场合。

第 6 章 文　件

本章实验的主要内容是通过一个较大程序使大家了解磁盘文件的分类、存储形式和指向文件的指针；流式文件的打开、关闭、读写和重定位等各种操作；各类磁盘文件的读写操作。

实验 15　综 合 实 验

一、实验目的与要求

1. 实验目的

（1）综合运用之前所学知识（选择控制、循环控制、数组、函数、指针、结构体和文件等）来完成一个简单的信息管理程序的设计。

（2）充分体现和体会 C 函数在程序设计中的必要性和实用性，并反映主函数 main()在程序设计中的实现思路和方法。

2. 实验要求

设计一简易学生成绩管理程序，其中包括学生成绩的输入，学生记录的追加、删除和查询，并能够实现学生成绩的排序和成绩统计等功能。

（1）学生数据结构体：

```
struct stu_sco
{
    int num;                    /*学号*/
    char name[10];              /*姓名*/
    float score[3];             /*三门课成绩*/
    float total;                /*总成绩*/
}
```

（2）主函数：main()应该允许用户通过菜单进行功能选择，即使用相应的功能代码来调用对应的函数功能。

（3）其他各功能函数包括：

input()：实现原始学生成绩数据的输入，并存入指定的文件；

append()：实现学生成绩记录的追加，并存入指定的文件；

delete()：实现学生成绩记录的删除，并存入指定的文件；

find()：实现学生成绩记录的查找，并显示查找信息；

sort()：实现学生成绩记录的排序，并存入指定的文件；

count()：实现单科成绩的统计，并存入指定的文件；
list()：用来显示学生成绩数据文件的内容。

二、实验准备

为使本实验能够顺利进行，首先让大家清楚本程序的结构，原始数据的采集与存储，以及学生成绩数据文件的显示。

下面给出本程序的主函数main()、学生成绩数据输入函数input()和学生成绩数据显示函数list()的代码。

1．main()函数代码：

```
#include <stdio.h>
#include <stdlib.h>
#define N 5

void input();
void append();
void delete();
void find();
void sort();
void count();
void list();

struct stu_sco
{
    int num;
    char name[10];
    float score[3];
    float total;
};

void main()
{   char choice;
    do
    {   clrscr();
        printf("\n\n");
        printf("\t\t\t\t1. Input record\n");
        printf("\t\t\t\t2. Append record\n");
        printf("\t\t\t\t3. Delete record\n");
        printf("\t\t\t\t4. Find record\n");
        printf("\t\t\t\t5. Sort record\n");
        printf("\t\t\t\t6. Count subject\n");
        printf("\t\t\t\t0. Exit\n\n\n");
        printf("Please choice: ");
        choice=getchar();
        switch(choice)
        {   case '0': exit(0); break;
            case '1': input(); break;
```

```
            case '2': append(); break;
            case '3': delete(); break;
            case '4': find(); break;
            case '5': sort(); break;
            case '6': count();
          }
        }
        while(1);
    }
```

2. input()函数代码：

```
void input()
{   FILE *fp;
    struct stu_sco stud[N], *ps;
    for(ps=stud; ps<stud+N; ps++)
    {   scanf("%d%s%f%f%f", &ps->num, ps->name, &ps->score[0],
        &ps->score[1], &ps->score[2]);
        ps->total= ps->score[0]+ps->score[1]+ ps->score[2];
    }
    if((fp=fopen("stu.dat","wb"))==NULL)
    {   printf("File open error!\n");
        return;
    }
    if(fwrite(stud, sizeof(struct stu_sco), N, fp)!=N)
    {   printf("File write error!\n");
        return;
    }
    fclose(fp);
    list();
}
```

3. list()函数代码：

```
void list()
{   FILE *fp;
    struct stu_sco stud;
    fp=fopen("stu.dat","rb");
    printf("\nNo.\tname\tscore1\tscore2\tscore3\ttotal\n");
    while(!feof(fp))
    {   fread(&stud, sizeof(struct stu_sco), 1, fp);
    printf("%d\t%s\t%6.2f\t%6.2f\t%6.2f\t%6.2f\n", stud.num, stud.name,
    stud.score[0], stud.score[1], stud.score[2], stud.total);
    }
    getche();
    fclose(fp);
}
```

4. 学生成绩原始数据：

```
No.     Name    Score1  Score2  Score3
1101    zhang   77      78      98
1102    li      67      78      88
```

```
1103    wang    89    99    97
1104    wei     77    75    96
1105    tan     78    86    95
```

三、实验示例

【示例1】编程实现在学生成绩数据文件 stu.dat 中追加学生记录，存入原文件并显示文件内容。

1．示例分析：

本函数要求在保留原有数据的情况下，在文件尾部添加数据记录，所以应该使用“追加”方式打开数据文件。然后由键盘输入一条记录并写入文件。

考虑到程序的实用性，本函数还应该允许添加多条记录，因此需要使用循环来控制是否还添加其他记录。

2．函数代码：

```
void append()
{    FILE *fp;
     struct stu_sco stud;
     char cont='y';
     if((fp=fopen("stu.dat","ab"))==NULL)
     {    printf("File open error!\n");
          return;
     }
     while(cont=='y' || cont=='Y')
     {    printf("\nEnter student record:\n");
          scanf("%d%s%f%f%f", &stud.num, stud.name, &stud.score[0],
          &stud.score[1], &stud.score[2]);
          stud.total=stud.score[0]+stud.score[1]+stud.score[2];
          fwrite(&stud, sizeof(struct stu_sco), 1, fp);
          printf("\nContinue?(y/n) ");
          scanf("%c",&cont);
     }
     fclose(fp);
     list();
}
```

【示例2】在学生成绩数据文件 stu.dat 中，按学号查询学生记录。

1．示例分析：

本函数用来查看学生成绩，所以应该以“读”方式打开数据文件。输入学号后用循环读取并搜索记录。对于符合条件的记录予以显示，否则给出“未找到！”信息。

考虑到程序的实用性，本函数也应该支持连续查找，因此需要使用循环来控制是否还继续查找其他记录。

2．函数代码：

```
void find()
{    FILE *fp;
     struct stu_sco stud;
     char cont='y';
     int no, n;
     if((fp=fopen("stu.dat","rb"))==NULL)
```

```
    {   printf("File open error!\n");
        return;
    }
    while(cont=='y' || cont=='Y')
    {   printf("\nEnter student NO. ");
        scanf("%d", &no);
        rewind(fp);                              /*确保每次查找从文件头开始*/
        for(n=0; !feof(fp); )
        {   fread(&stud, sizeof(struct stu_sco), 1, fp);
            if(no==stud.num)
            {   printf("%d\t%s\t%6.2f\t%6.2f\t%6.2f\t%6.2f\n",stud.num,
                stud.name,
                stud.score[0], stud.score[1], stud.score[2], stud.total);
                n++;                        /*统计符合条件的记录个数*/
            }
        }
        if(n==0) printf("\nNo found!");
        getche();
        printf("\nContinue?(y/n)");
        scanf("%c",&cont);
    }
    fclose(fp);
}
```

四、实验内容

1. 在学生成绩数据文件 stu.dat 中，删除学生记录，并显示文件内容。

本函数 delete 不能直接在文件中删除数据记录。先以“读”方式打开数据文件，用循环从文件逐条读取全部记录到结构体数组，此时注意统计记录个数。之后用循环在该数组中找到所需删除的记录，并记录数组下标 i。然后再以“写”方式打开原文件，将除 i 以外的数组元素逐一重新写入学生成绩数据文件。

考虑到程序的实用性，本函数应该允许连续删除记录，因此需要使用循环来控制是否还删除其他记录。

2. 对学生成绩数据文件 stu.dat 按总分由高到低进行排序，并显示文件内容。

本函数 sort 先以“读”方式打开数据文件，从文件逐一读取全部记录到结构体数组，此时注意统计记录个数。之后对该数组按总分排序，排序结果依然存放在该数组中。然后再以“写”方式打开原文件，将排序之后的数组重新写入学生成绩数据文件。

五、思考题

1. 编写 count()函数。其功能是统计单科成绩的最低分、最高分和平均分，并以 ASCII 形式存入文本文件 count.txt 中。数据格式为：

科目 1，最低分，最高分，平均分

科目 2，最低分，最高分，平均分

科目 3，最低分，最高分，平均分

2. 将以上所有函数依次存入 exp15.cpp 中，调试并运行此程序。体会和观察程序运行的方式、过程及运行结果。

第二部分　习题答案

第 1 章　预备知识

1. 根据自己的认识，写出 C 语言的特点。

答：C 语言运算符丰富、表达式灵活，逻辑控制语句完整，库函数齐备，具备了汇编语言的编辑、编译效率，又兼备了高级语言的灵活和兼容性。

2. C 语言和其他高级语言相比有何不同？

答：C 语言中的指针实现了存储单元的直接访问，因而可使用 C 语言开发计算机底层软件，这是其他高级语言所不具备的特征。

3. C 程序中的主函数的作用是什么？

答：主函数 main()是 C 源程序中唯一的入口点，是运行程序的起始位置。

4. C 程序以函数为程序的基本单元，这样有什么好处？

答：在 C 程序中，可按代码实现的功能分为多个模块，每个模块由函数实现。这样做的优点是程序结构清晰，代码层次分明。

5. 为什么说 C 程序设计课是一门实践性很强的课程？

答：程序设计语言课程的特点是课堂讲解的理论知识，必须在计算机中得以实现。C 程序设计课也不例外，因此，C 程序设计课是一门实践性很强的课程。

6. Visual C++编程环境中，编译程序、运行程序、快速定位出错位置的快捷键是什么？

答：功能键【F7】编译源程序；功能键【F5】运行可执行程序；功能键【F4】定位出错行。

7. 上机运行本章中的例题。

8. 自己试编制一个实现两个整数相加运算的源程序，上机调试并实现。

答：

```
#include <iostream.h>
void main()
{    int n1,n2,result;
     cout<<"please enter n1 and n2:;
     cin>>n1>>n2;
     result = n1 + n2;
     cout<<"result="<<result<<endl;
}
```

9. 总结编制 C 程序的过程及基本步骤。

答：C 程序的开发过程要经历四个阶段：编辑->编译->链接->运行。

首先打开 VC++编程环境，创建基于工作台的空工程。接着向工程中添加 C++源文件，输入源程序并保存到该文件中。按【F7】键对源程序进行编译，有错修改。待修正错误后，按【Ctrl + F5】组合键编译并运行程序。

第 2 章 基本数据类型和表达式

一、选择题（从四个备选答案中选出一个正确答案）

1. B	2. C	3. B	4. A	5. C
6. B	7. C	8. B	9. A	10. A
11. B	12. C	13. B	14. D	15. B
16. D	17. C	18. C	19. A	20. C
21. B	22. D	23. B	24. C	25. C

二、填空题

1.【1】4　【2】4　【3】8　【4】1

2. 6　3. 35　4. 1.6　5. 30

6. 9　7. 88　8. 0　9. double

三、求下面算术表达式的值

1. x+a%3*(int)(x+y)%2/4，设 x=2.5，a=7，y=4.7。

答案：2.5

2. (float)(a+b)/2+(int)x%(int)y，设 a=2，b=3，x=3.5，y=2.5。

答案：3.5

四、根据给出的程序写出运行结果

1. 11,16,11,15

2. 6

3. 13.800000

4. aebf　cg　abc

Q8

5. 100,-100

100,4294967196

100, 4294967196

50000,32767

50000,32767

第 3 章 C 程序的流程控制

一、选择题（从四个备选答案中选出一个正确答案）

1. B	2. C	3. D	4. B	5. C
6. D	7. B	8. D	9. B	10. B
11. C	12. D	13. B	14. B	15. B
16. B	17. C	18. B	19. C	20. A
21. A	22. A	23. B	24. C	25. C
26. A	27. C	28. A	29. A	30. B
31. D	32. D	33. C	34. C	35. B

二、填空题

1. –32768
2. 12 和 3.000000
3. hi
4. 5,5.50
5. 0.00
6. 15 15 15
7. n1=%d\nn2=%d
8. 1
9. x=x*(y+5)
10. 主函数
11. 10 20xy
12. 【1】#include <stdio.h>　　【2】#include <math.h>
13. (m%3==0)&&(m%4==0)
14. 1
15. 0
16. 【1】&ch　　【2】ch>='A'&&ch<='Z'　　【3】ch+32　　【4】ch
17. sum=sum+n

三、写出下面表达式运算后 x 的值（设原来 x=12，且 x 和 y 已定义为整型变量）

（1）24　　（2）10　　（3）60

（4）0　　　　　（5）0　　　　　（6）0

四、写出下面各逻辑表达式的值（设 x=3，y=4，z=5）

（1）0　　　（2）1　　　（3）1　　　（4）0　　　（5）1

五、根据给出的程序写出运行结果

1. number is:3
2. z1=22
   z2=21
3. 2
4. 60—69
5. x= 8

六、改错题

1. scanf("%d,%d",m,n);　　　改为：scanf("%d,%d",&m,&n);
   m=n; n=m;　　　改为：t=m;m=n;n=t;
2. 错误：z=0　改为：z==0

七、编程题

1. 编写程序，输入两个整数给变量 m 和 n，求它们的商和余数。

源程序如下：

```
#include <stdio.h>
void main()
{
      int m,n,s,y;
      printf("input m and n: ");
      scanf("%d,%d",&m,&n);
      s=m/n;
      y=m%n;
      printf("s=%d y=%d",m,n);
}
```

2. 从键盘输入一个数字字符，转换成相应的整数输出。如输入数字字符'2'，转换成整数 2 输出。

源程序如下：

```
#include <stdio.h>
void main()
{
     char c;
     c=getchar();
     c=c-'0';
     printf("%d",c);
}
```

3. 编写程序，计算分段函数。要求输入整数 x 的值，输出 y 的值。

$$y=\begin{cases} x & (x\leqslant 1) \\ 2x+1 & (1<x<10) \\ 3x-8 & (x\geqslant 10) \end{cases}$$

分析：这是一个多分支问题，可以采用三个并列 if 或者是一个嵌套 if 语句。当然，如果采用嵌套 if 语句的话，既可以在外层 if 后面嵌入，也可以在外层 else 后面嵌入。下面给出的程序采用三个并列 if。其他两种形式读者可自行考虑。

源程序如下：

```
#include <stdio.h>
void main()
{
    int x,y;
    printf("请输入一个整数:");
    scanf("%d",&x);
    if(x<=1)  y=x;
    if(x>1&&x<10)  y=2*x+1;
    if(x>=10)  y=3*x-8;
    printf("y=%d\n",y);
}
```

运行结果：

```
请输入一个整数: 1↙
y=1
```

4. 设计一个简单计算器，输入一个形式如“操作数 运算符 操作数”的表达式，输出运算结果。运算符为+、-、*、/中的一种。

分析:这是一个四选一问题,既可以使用并列 if 语句,又可以使用嵌套 if 语句,还可以用 switch 语句。本题目选择结构采用 switch 语句实现更简洁和直观。

源程序如下：

```
#include <stdio.h>
void main()
{
    int x,y,z,ch,flag=1;
    printf("请输入表达式: ");
    scanf("%f%c%f",&x,&ch,&y);     /*从键盘输入两个运算数和运算符*/
    switch(ch)
    {
      case '+':z=x+y; break;
      case '-':z=x-y; break;
      case '*':z=x*y; break;
      case '/':z=x/y; break;
      default:flag=0;
    }
    if(flag)
            printf("%f%c%f=%f",x,ch,y,z);
    else
            printf("Input error\n");
}
```

运行结果：

```
请输入表达式: 5+6↙
5+6=11
```

5. 猜数游戏。从键盘输入一个10以内的正整数。判断其值是否等于6。若大于6则输出“too big”。若小于6则输出“too small”，若等于6则输出“it is true”。

分析：此题为多分支选择结构，有三个分支，分别为大于6、小于6和等于6。

源程序如下：

```
#include <stdio.h>
void main()
{
    int num;
    printf("请输入一个正整数:");
    scanf("%d",&num);
    if(num>6)  printf("too big");
    else  if(num<6)  printf("too small");
          else  printf("it is true");
}
```

运行结果：

```
请输入一个正整数: 7↙
too big
```

6. 输入任意一个整数，不论该数是偶数还是奇数，均输出和其最接近、不小于其本身的偶数。如：输入3，输出是4；输入6，输出是6。

源程序如下：

```
#include <stdio.h>
void main()
{
    int num;
    printf("请输入一个整数: ");
    scanf("%d",&num);
    if (num%2==0)  printf("%d\n",num);
    else  printf("%d\n",num+1);
}
```

运行结果：

```
请输入一个整数: 19↙
20
```

7. 从键盘输入年份和月份，计算该年该月有几天。

分析：由于不同月份的天数不同，该题目属于多分支选择的情况，可用switch语句来实现，而二月份的天数又与闰年有关，还需要考虑闰年问题。满足以下两种条件之一即为闰年：能被4但不能被100整除；能被400整除。

源程序如下：

```
#include <stdio.h>
void main()
{
    int year,month,day;
    printf("请输入年份:");
    scanf("%d",&year) ;
    printf("请输入月份:");
    scanf("%d",&month) ;
    switch(month)
```

```
    {
        case 1:
        case 3:
        case 5:
        case 7:
        case 8:
        case 10:
        case 12: day=31;break ;
        case 4:
        case 6:
        case 9:
        case 11: day=30;break ;
        case 2: if(year%4==0&&year%100!=0||year%400==0)  /*如果是闰年*/
                   day=29;
                else                                       /*不是闰年*/
                   day=28;
                break ;
        default: day=-1;                                   /*月份输入错误*/
    }
        if(day==-1)
            printf("Invalid month input !\n");
        else
            printf("%d 年 %d 月有 %d 天 \n",year,month,day);
    }
```

运行结果:

```
请输入年份: 2008↙
请输入月份: 2↙
2008 年 2 月有 29 天
```

8. 给一个不多于5位的正整数，要求：① 求它是几位数；② 逆序打印出各位数字。

提示：本题的关键在于如何分离出每一位，然后使用选择结构完成题目要求。

源程序如下:

```
#include <stdio.h>
void main()
{
    long int x;
    int a,b,c,d,e;
    printf("请输入一个数:");
    scanf("%ld",&x);
    a=x/10000;                  /*分解出万位*/
    b=x%10000/1000;             /*分解出千位*/
    c=x%1000/100;               /*分解出百位*/
    d=x%100/10;                 /*分解出十位*/
    e=x%10;                     /*分解出个位*/
    if(a!=0)  printf("there are 5, %d %d %d %d %d\n",e,d,c,b,a);
    else  if(b!=0)  printf("there are 4, %d %d %d %d \n",e,d,c,b);
       else  if(c!=0)  printf(" there are 3, %d %d %d \n",e,d,c);
          else  if(d!=0)  printf("there are 2, %d %d \n",e,d);
```

```
            else  if(e!=0)  printf(" there are 1, %d \n",e);
    }
```

运行结果：

```
请输入一个数：12345↙
there are 5,54321
```

9. 企业发放的奖金根据利润提成。利润（i）低于或等于 10 万元时，奖金可提 10%；利润高于 10 万元，低于 20 万元时，低于 10 万元的部分按 10%提成，高于 10 万元的部分，可提成 7.5%；20 万元到 40 万元之间时，高于 20 万元的部分，可提成 5%；40 万元到 60 万元之间时高于 40 万元的部分，可提成 3%；60 万元到 100 万元之间时，高于 60 万元的部分，可提成 1.5%；高于 100 万元时，超过 100 万元的部分按 1%提成，从键盘输入当月利润 i，求应发放奖金总数？

源程序如下：

```
#include <stdio.h>
void main()
{
    long int i;
    int bonus1,bonus2,bonus4,bonus6,bonus10,bonus;
    scanf("%ld",&i);
    bonus1=100000*0.1;bonus2=bonus1+100000*0.75;
    bonus4=bonus2+200000*0.5;
    bonus6=bonus4+200000*0.3;
    bonus10=bonus6+400000*0.15;
    if(i<=100000)
         bonus=i*0.1;
    else if(i<=200000)
         bonus=bonus1+(i-100000)*0.075;
         else if(i<=400000)
              bonus=bonus2+(i-200000)*0.05;
              else if(i<=600000)
                   bonus=bonus4+(i-400000)*0.03;
                   else if(i<=1000000)
                        bonus=bonus6+(i-600000)*0.015;
    else
         bonus=bonus10+(i-1000000)*0.01;
    printf("bonus=%d",bonus);
}
```

10. 输入一行字符，分别统计出其中英文字母、空格、数字和其他字符的个数。

提示：

- 本题要求统计的字符有四类，因此需要设置 4 个计数器。
- 每个计数器的初始值为 0，当遇到一个特定类别的字符时，对应的计数器加 1。
- 利用 while 语句，条件为输入的字符不为'\n'。

源程序如下：

```
#include <stdio.h>
void main()
{
    char c;
```

```
    int letters=0,space=0,digit=0,other=0;
    printf("请输入字符串: \n");
    while((c=getchar( ))!='\n')       /* 循环条件为输入的字符不是换行符 */
    {
       if(c>='a'&&c<='z'||c>='A'&&c<='Z')  letters++;
       else if(c==' ')  space++;
           else if(c>='0'&&c<='9')    digit++;
             else  other++;
    }
    printf("字母:%d,空格:%d,数字:%d,其他字符:%d\n",letters,space,digit,
    other);
}
```

运行结果：

```
请输入字符串: abEm58 $#*↙
字母: 4,空格: 1, 数字: 2, 其他字符: 3
```

11. 有一分数序列：4/3，7/4，11/7，18/11，29/18，47/29 …

求出这个数列的前 18 项之和。

分析：关键在于找出每项分子、分母和前一项的规律。

源程序如下：

```
#include <stdio.h>
void main()
{
     float a=4,b=3,t,sum=0;
     int i;
     for(i=1;i<=18;i++)
     {
         sum=sum+a/b;
         t=a;
         a=a+b;
         b=t;
     }
     printf("%f",sum);
}
```

运行结果：

```
28.938602
```

12. 求 $s=a+aa+aaa+\ldots$（最后一项为 n 个 a）的值，其中 a 是一个数字。例如：2+22+222+2222+22222（此时共有 5 个数相加，即 n=5），a 和 n 的值从键盘输入。

源程序如下：

```
#include <stdio.h>
void main()
{
    int a,n,i=1;
    long int s=0,t=0;
    printf("请输入a,n:");
    scanf("%d,%d",&a,&n);
    while(i<=n)
    {
       t=t+a;
```

```
        s=s+t;
        a=a*10;
        i++;
    }
    printf("a+aa+aaa+…=%ld\n",s);
}
```

运行结果：

```
请输入 a,n:2,5↙
a+aa+aaa+…=24690
```

此题请大家考虑算法：表达式从第 2 项开始，每一项由前一项加上 a 乘以 10 的若干次方推出。自行编写相应程序（幂运算函数用 pow()，且必须在程序开始将 math.h 包含进来）。

13. 计算 $\sum_{k=1}^{100}\frac{1}{k}+\sum_{k=1}^{50}\frac{1}{k^2}$。

提示：

- s1、s2 应定义为 float 变量，因为要存放实数。
- 若 k 定义成 int 型变量，1/k 应写成 1.0/k。
- k 在两个 for 语句中均赋初值为 1。

源程序如下：

```
#include <stdio.h>
void main()
{
    float k,s1=0,s2=0;
    for(k=1;k<=100;k++)
        s1=s1+1/k;
    for(k=1;k<=50;k++)
        s2=s2+1/k*k;
    printf("sum=%.2f\n",s1+s2);
}
```

运行结果：

```
sum=55.19
```

14. 编程序按下列公式计算 sin(x)的值，$\sin(x) = x - x^3/3! + x^5/5! - x^7/7! + \cdots$，直到最后一项的绝对值小于 10^{-7} 时为止。

分析：

让多项式的每一项与一个变量 n 对应，n 的值依次为 1，3，5，7，…，从多项式的前一项计算后一项，只需将前一项乘一个因子：$(-x^2)/((n-1)*n)$

用 s 表示多项式的值，用 t 表示每一项的值，使用表达式 s=s+t 计算累加和。

源程序如下：

```
#include <math.h>
#include <stdio.h>
void main()
{
    float s,t,x;
```

```
    int n ;
    printf("请输入x :");
    scanf("%f",&x );
    t=x;
    n=1;
    s=x;
    do
    {
        n=n+2;
        t=t*(-x*x)/((float)(n)-1)/(float)(n);
        s=s+t;
    }
    while(fabs(t)>=1e-7);
    printf("sin(%f )=%f,",x,s);
}
```

运行结果：

```
请输入x:1.5753↙
sin(1.575300)=0.999990
```

15. 排序无重复数字的三位数。有1、2、3、4这几个数字，组成互不相同且无重复数字的三位数，这些三位数分别是多少？

分析：

- 可填在百位、十位、个位的数字都是1、2、3、4，组成所有的排列后再去掉不满足条件的排列。
- 每输出6个三位数就换行。用n存放满足条件的三位数的个数，当n能被6整除时就换行。

源程序如下：

```
#include <stdio.h>
void main()
{
    int i,j,k,n=0;
    for(i=1;i<5;i++)                     /*i为百位*/
        for(j=1;j<5;j++)                 /*j为十位*/
            for(k=1;k<5;k++)             /*k为个位*/
            {
                if(i!=j&&i!=k&&j!=k) /*确保百位i、十位j、个位k各不相同*/
                {
                        printf("%d%d%d  ",i,j,k);
                        n++;
                }
                if(n%6==0)  printf("\n");
            }
}
```

运行结果：

```
123  124  132  134  142  143
213  214  231  234  241  243
312  314  321  324  341  342
412  413  421  423  431  432
```

16. 一球从100米高度自由落下，每次落地后反跳回原高度的一半再落下。求它在第10次落地时，共经过多少米？第10次反弹多高？

源程序如下：

```
#include <stdio.h>
void main()
{    float sn=100,hn;
     int n;
     hn=sn/2;
     for(n=2;n<=10;n++)
     {
          sn=sn+2*hn;          /*第n次落地时共经过的米数*/
          hn=hn/2;             /*第n次反跳高度*/
     }
     printf("the total of road is %f\n",sn);
     printf("the tenth is %f meter\n",hn);
}
```

运行结果：

```
the total of road is 299.609375
the tenth is 0.097656 meter
```

第 4 章 复杂数据类型

一、选择题（从四个备选答案中选出一个正确答案）

1. C	2. C	3. C	4. D	5. B
6. B	7. B	8. C	9. C	10. D
11. C	12. B	13. D	14. B	15. A

二、填空题

1. int a[3][4]
2. 9
3. p=&a[4][2];
4. 数组长度为 4 的一维指针数组
5. p_abc->a
6. 6
7. 4
8. 9
9. x[1][1]
10. *p>max

三、根据给出的程序写出运行结果

1. 9 8 7 6 5 4 3 2 1 0
2. s=45
3. str=hello
4. string1=goodmorning
5. 1
6. a,f
7. The new string is y# ew cba
8. 101,200,21
9. 266
10. 1,3

四、编程题

1. 将一个数组中的值按逆序重新存放。例如，原来顺序为 8，4，5，3，2。要求改为 2，3，

5，4，8。

源程序如下：

```
#include <stdio.h>
#define N 5
void main()
{
     int a[N],i,temp;
     for(i=0;i<N;i++)
     {
         scanf("%d",&a[i]);
     }
     for(i=0;i<N/2;i++)
     {
         temp=a[i];
         a[i]=a[4-i];
         a[4-i]=temp;
     }
     for(i=0;i<N;i++)
         printf("%4d",a[i]);
}
```

运行结果：

```
8   4   5   3   2↙
2   3   5   4   8
```

2. 生日蛋糕由以下成分组成：

水　果	黄　油	糖	面　粉	鸡　蛋
100	300	200	100	250

每种原料的价格如下表：（单位：元／克）

水　果	黄　油	糖	面　粉	鸡　蛋
0.25	0.3	0.2	0.05	0.2

编程求出做 5 个蛋糕所需原料的总价格。

源程序如下：

```
#include <stdio.h>
void main()
{
     float wt[5],p[5],cp,totalcp;
     int i;
     printf("input weight of cake components\n");
     for(i=0;i<5;i++) scanf("%f",&wt[i]);
     printf("input price of cake components\n");
     for(i=0;i<5;i++) scanf("%f",&p[i]);
     cp=0;
     for(i=0;i<5;i++) cp=cp+wt[i]*p[i];
     totalcp=5*cp;
     printf("The total price is %f",totalcp);
}
```

运行结果：

```
input weight of cake components
100  300  200  100   250↙
input price of cake components
0.25  0.3  0.2  0.05  0.2↙
The total price is 1050.000000
```

3. 有5个学生，学习3门课程，已知所有学生的各科成绩，编程求每门课程的平均成绩。

源程序如下：

```
#include <stdio.h>
void main()
{
     int i,j,s,v[3],score[5][3];
     for(i=0;i<5;i++)
       for(j=0;j<3;j++)
         scanf("%d",&score[i][j]);
       for(i=0;i<3;i++)
       {
           s=0;
           for(j=0;j<5;j++) s=s+score[j][i];
           v[i]=s/5;
       }
     printf("3门课的平均成绩分别为: ");
     for(i=0;i<3;i++) printf("%4d",v[i]);
}
```

运行结果：

```
78 89 76↙
90 78 67↙
87 87 94↙
66 77 65↙
66 96 77↙
3门课的平均成绩分别为: 77  85  75
```

4. 输入一串字符，计算其中空格的个数。

源程序如下：

```
#include <stdio.h>
#include <string.h>
void main()
{
     char c[30];
     int i,sum=0;
     gets(c);
     for(i=0;i<strlen(c);i++)
     if(c[i]==' ')
         sum=sum+1;
     printf("空格数为: %d \ n",sum);
}
```

运行结果：

```
A b c↙
空格数为: 2
```

5. 输入两个整数，利用指针变量计算两个数之和。(用指针变量实现)

源程序如下：

```
#include <stdio.h>
void main()
{
    int a,b,sum,*p1,*p2;
    scanf("%d,%d",&a,&b);
    p1=&a;p2=&b;
    sum=*p1+*p2;
    printf("sum=%d",sum);
}
```

运行结果：

```
3,5↙
sum=8
```

6. 将字符串 a 复制为字符串 b。(要求用指向字符串指针变量实现)

源程序如下：

```
#include <stdio.h>
#include <string.h>
void main()
{
    char a[]="hello world",b[20],*p1,*p2;
    int i;
    p1=a;p2=b;
    for(;*p1!='\0';p1++,p2++)
        *p2=*p1;
    *p2='\0';
    puts(b);
}
```

运行结果：

```
hello world
```

7. 输入一行文字，统计空格、数字字符各多少个。（要求用指向字符串指针变量实现）

源程序如下：

```
#include <stdio.h>
#include <string.h>
void main()
{
    int digit=0,space=0,i=0;
    char *p,s[20];
    while((s[i]=getchar())!='\n')i++;
    p=s;
    while(*p!='\0')
    {
        if((*p<='9')&&(*p>='0')) digit++;
        else if(*p==' ') space++;
        p++;
    }
    printf("digit=%d,space=%d",digit,space);
}
```

运行结果：

```
a b 123 c↙
digit=3,space=3
```

8. 计算字符串的长度，不要用 strlen 函数。（要求用指向字符串指针变量实现）

源程序如下：

```
#include <stdio.h>
void main()
{
    int n=0;
    char *p="FORTRAN";
    while(*(p+n)!='\0')
         n++;
    printf("%d",n);
}
```

运行结果：7

9. 先存储一个班学生的姓名，从键盘输入一个姓名，查找该人是否为该班学生。（要求用指针数组存储学生名字）

源程序如下：

```
#include <stdio.h>
#include <string.h>
void main()
{
    int i,flag=0;
    char *name[5]={"Li Fun","Zhang Li","Ling Mao","fun fei","wei bo"};
    char your_name[20];
    gets(your_name);
    for(i=0;i<5;i++)
        if(strcmp(name[i],your_name)==0)
            flag=1;
    puts(your_name);
    if(flag==1)
        printf("is in this class");
    else
        printf("is not in this class");
}
```

运行结果：

（1）第一次运行

```
fun fei↙
fun fei is in this class
```

（2）第二次运行

```
Wang gang↙
Wang gang is not in this class
```

10. 编写一程序，从键盘输入 5 本书的名称和定价并存储在一个结构体数组中，从中查找定价最高的书的名称和单价，并输出到屏幕上。

源程序如下：

```
#include <stdio.h>
#include <stdlib.h>
```

```
#include <string.h>
void main()
{
    struct book_type
    {
        char name[20];
        int price;
    };
    struct book_type book[5];
    int i;
    char ch;
    char numstr[20];
    int max_price;
    char max_book[20];
    for(i=0;i<5;i++)
    {
        printf("\Enter all data of books [%d]:\n",i);
        gets(book[i].name);
        gets(numstr);
        book[i].price=atoi(numstr);
    }
    max_price=book[0].price;
    strcpy(max_book,book[0].name);
    for(i=1;i<5;i++)
    {
        if(book[i].price>max_price)
        {
            max_price=book[i].price;
            strcpy(max_book,book[i].name);
        }
    }
    printf("最高单价为%d，书名为%s",max_price,max_book);
}
```

运行结果：

```
Enter all data of books[0]:
C program↙
50↙
Enter all data of books[1]:
Basic↙
35↙
Enter all data of books[2]:
Pascal↙
56↙
Enter all data of books[3]:
Delphi↙
98↙
Enter all data of books[4]:
Fortran↙
23↙
最高单价为 98，书名为 Delphi
```

11. 将习题10用指向结构体数组的指针再实现一遍。

源程序如下:

```
#include <stdio.h>
#include <stdlib.h>
#include <string.h>
void main()
{
    struct book_type
    {
        char name[20];
        int price;
    };
    struct book_type book[5];
    int i;
    char ch;
    char numstr[20];
    int max_price;
    char max_book[20];
    struct book_type  *p_book;
    for(i=0;i<5;i++)
    {
        printf("\enter all data of books [%d]:\n",i);
        gets(book[i].name);
        gets(numstr);
        book[i].price=atoi(numstr);
    }
    max_price=-1;
    for(p_book=book;p_book<book+5;p_book++)
    {
        if(p_book->price>max_price)
        {
            max_price=p_book->price;
            strcpy(max_book,p_book->name);
        }
    }
    printf("最高单价为%d, 书名为%s",max_price,max_book);
}
```

运行结果：同10题。

第 5 章 结构化程序设计应用

一、选择题（从四个备选答案中选出一个正确答案）

1. B	2. B	3. C	4. A	5. B
6. C	7. D	8. D	9. A	10. C
11. C	12. B	13. A	14. C	15. A
16. D	17. D	18. D	19. B	20. C

二、填空题

1. 10
2. X%i= =0
3. 0　　6
4. k=p
5. &
6. *

三、根据给出的程序写出运行结果

1. max=3
2. 852
3. 1234567
   4567
   7
4.
   1 0 0 0 0
   0 1 0 0 0
   0 0 1 0 0
   0 0 0 1 0
   0 0 0 0 1
5. 1　2　3　3　2　3　4　4
6. oNE WORLD ONE DREAM
   one world one dream　i=19

oNE WORLD ONE DREAM

one world one dream

四、编程题

1. 编程计算 $1\times2+2\times3+3\times4+\cdots+49\times50$ 的值。

解：用累加算法，通项公式是 $t=i\times(i+1)(i=1,2,3,\cdots,49)$，然后再将各个 t 求和。

参考源程序：

```
#include <stdio.h>
void main()
{
    long i,s=0,t;          /*定义为长整型避免数据溢出*/
    for(i=1;i<50;i++)
    {
        t=i*(i+1);
        s+=t;
    }
    printf("%ld",s);
}
```

2. 输入某个二维数组的行数和列数以及该数组的所有元素，然后求出数组的外围元素之和。

解：本题中，二维数组的行号与列号均从 1 开始，要注意外围元素重复相加的问题。

参考源程序：

```
#include <stdio.h>
void main()
{
    int i,j,m,n,sum=0,b[16][16];
    printf("请输入行数与列数:");
    scanf("%d%d",&m,&n);
    printf("请输入数组元素:\n");
    for(i=1;i<=m;i++)
        for(j=1;j<=n;j++)
            scanf("%d",&b[i][j]);
    for(i=1;i<=n;i++)
        sum+=b[1][i]+b[m][i];
    for(i=2;i<m;i++)          /*注意 i<m，不能 i<=m*/
        sum+=b[i][1]+b[i][n];
    printf("该数组的外围元素之和是:%d",sum);
}
```

运行结果：

```
请输入行数与列数: 3 4↙
请输入数组元素:
1 2 3 4 5 6 7 8 9 10 11 12↙
该数组的外围元素之和是: 65
```

3. 输出所有“水仙花数”。水仙花数就是一个三位数，其各位数字的立方和与该数自身相等。例如 $407=4^3+0^3+7^3=64+0+343=407$ 就是水仙花数。

解：假设 m 即为所求，则 m 的取值范围 100～999。将 m 分解为 i、j、k，分别代表百位数字、十位数字和个位数字，最后判断 m 是否等于 i*i*i+j*j*j+k*k*k，如果相等即可输出；或者分别找出 i、j、k 的取值范围，使得 m=100*i+10*j+k,n=i*i*i+j*j*j+k*k*k，最后只要判断 m 和 n 是否相等，如果相等即可输出。

参考源程序 1：

```
#include <stdio.h>
void main()
{    int i,j,k,m;
     for(m=100;m<1000;m++)
     {    i=m/100;
          j=m/10-i*10;
          k=m%10;
          if(m==i*i*i+j*j*j+k*k*k)
               printf("%4d",m);
     }
}
```

参考源程序 2：

```
#include <stdio.h>
void main()
{    int i,j,k,m,n;
     for(i=1;i<=9;i++)
     for(j=0;j<=9;j++)
     for(k=0;k<=9;k++)
     {
          m=i*100+j*10+k;
          n=i*i*i+j*j*j+k*k*k;
          if(m==n)
               printf("%4d",m);
     }
 }
```

运行结果：

```
153 370 371 407
```

4. 在奥运会跳水比赛中，有 9 个评委为参赛的选手打分，分数为 1~10 分。选手最后得分为：去掉一个最高分和一个最低分后其余 7 个分数的平均值。请编写一个程序实现。

解：将分数存放在一个一维数组中，找出数组中 9 个元素的最大值和最小值，再对 9 个元素求和，从最终的结果中减去最大值和最小值，最后对剩余的 7 个数求平均值。

参考源程序：

```
#include <stdio.h>
void main()
{    float a[10],max,min,s=0;
     int i;
     for(i=1;i<10;i++)
     {
          printf("Input number %d=",i);
          scanf("%f",&a[i]);
          s+=a[i];
     }
     max=min=a[1];
     for(i=1;i<10;i++)
```

```
    {
        if(a[i]>max)max=a[i];
        if(a[i]<min) min=a[i];
    }
    printf("Canceled max score:%.1f\nCanceled min score:%.1f\n",max,min);
    printf("aver=%df",(s-max-min)/7);
}
```

5. 编写程序：要求输入一正整数，打印出杨辉三角，如输入4，则输出：

```
         1
       1   1
     1   2   1
   1   3   3   1
```

解：可用二数组来完成，仔细观察，可将该三角看成如下图形：

```
1
1 1
1 2 1
1 3 3 1
```

仔细观察该图形，可知该数组的第 1 列与主对角线上的元素均为 1，从第 3 行到第 n 行，a[i][j]=a[i−1][j−1]+a[i−1][j]。

参考源程序如下：

```
#include <stdio.h>
void main()
{
    int a[10][10],i,j;
    for(i=1;i<=4;i++)
    {
        for(j=1;j<=i;j++)
        {
            if(i==j||j==1)
                a[i][j]=1;
            else
                a[i][j]=a[i-1][j]+a[i-1][j+1];
            printf("%d\t",a[i][j]);
        }
        printf("\n");
    }
}
```

6. 甲、乙两个城市有一条 999 公里长的公路。公路旁每隔一公里竖立着一个里程碑，里程碑的半边写着距甲城的距离，另外半边写着距乙城的距离。有位司机注意到有的里程碑上所写的数仅用了两个不同的数字，例如 000/999 仅用了 0 和 9，118/881 仅用了 1 和 8。算一算具有这种特征的里程碑共有多少个，是什么样的？

解：从题意中可知每对数仅用了两个不同的数字，并且两个数字之和恒等于 9，并且每对数之和也应恒等于 999。利用三重循环分别求出每个数的各位数字，因为每个数最多只用两个不同的数字，所以每个数中至少有 2 个数字是相同的，再根据两个不同数字之和恒等于 9 求解。

源程序如下：

```
#include <stdio.h>
void main()
{
     int i,j,k,m,n=0;
     for (i=0;i<=9;i++)
          for (j=0;j<=9;j++)
               for (k=0;k<=9;k++)
     if(((i==j)&&(9-i==k))||((i==k)&&(9-i==j))||((j==k)&&(9-k==i))||((i==j)
     &&(j==k)))
     {    m=i*100+j*10+k;
         printf("%d/%d\t",m,999-m);
         n++;
      }
      printf("\n具有这种特征的里程碑共有%d个。",n);
}
```

运行结果：

```
0/999    9/990    90/909   99/900   111/888 118/881 181/818 188/811 222/777
227/772  272/727  277/722  333/666  336/663 363/636 366/633 444/555 445/554
454/545  455/544  544/455  545/454  554/445 555/444 633/366 363/636 663/336
666/333  722/277  727/272  772/227  777/222 811/188 818/181 881/118 888/111
900/99   909/90   990/9    999/0
具有这种特征的里程碑共有 44 个。
```

7. 若干求婚者排成一行，一二报数，报单数的退场。余下的人靠拢后再一二报数，报单数的退场，最后剩下的一位就可以娶公主为妻。若现在你站出来数一下，共有 101 人在你前面，你应站到哪一个位置才能娶到公主呢？（答案：第 64 个位置。）

解：源程序如下：

```
#include <stdio.h>
void main()
{
    int a[103],total=102,i,n;
    for(i=1;i<=102;i++) a[i]=i;          /*初始化(记下每个人的最初位置)*/
         do
         {
              n=1;
              for (i=2;i<=total;i+=2)     /*一轮报数*/
              a[n++]=a[i];                /*重新排队*/
              total/=2;                   /*每轮余下人数减少一半*/
          } while (total>1);              /*剩下的最后一个人即能娶到公主*/
    printf("娶到公主的人的最初位置:%d", a[1]);
    /*输出娶到公主的人的最初位置*/
}
```

运行结果：

```
娶到公主的人的最初位置:64
```

8. 有 4 名学生，每个学生信息包括学号、姓名、成绩，要求找出成绩最高学生的姓名和成绩。

解：定义结构体STUDENT，再定义结构体数组，用指针指向结构体数组完成相应的工作。

源程序如下：

```
#include <stdio.h>
/*定义学生结构体类型*/
struct STUDENT{
char num[10];
char name[10];
float score;
};
void main()
{
     struct STUDENT st[4],*p;
     int i=0,j=0,max;
     p=st;
/*对 4 名学生信息进行初始化*/
     for(;p<st+4;p++)
     {
          printf("请依次输入学生学号，姓名，成绩: \n");
          scanf("%s%s%f",p->num,p->name,&p->score);
     }
/*在 4 名学生中查找成绩最高的*/
     p=st;
     max=p->score;
     for(i=0;i<4;i++)
     {
          if(st[i].score>max)
               {    max=st[i].score;
                    j=i;
               }
     }
     printf("成绩最高学生是: %s  成绩: %f",st[j].name,st[j].score);
}
```

9. 编一程序，随机产生 10 道口算题，并对其输入的结果进行判断，并打印出成绩。

解：参考源程序如下所示。

```
#include <time.h>
#include <stdlib.h>
#include <stdio.h>
void main()
{
     int i,j,k,a1,a2,v,score,m,n,t=1;
     static char c[]={'+','-','*','/'};
     char key;
     while (t)
     {
          score=0;
          for(i=0;i<=9;i++)
          {
               randomize();
               a2=random(100);                /*随机产生第二个数*/
               k=random(4);                   /*随机产生运算符*/
               j=random(100);                 /*随机产生第一个数*/
               if(c[k]=='/') a1=a2*j;        /*确保结果为整数*/
```

```
            else  a1=j;
            printf("%d%c%d=",a1,c[k],a2);
            scanf("%d",&m);
            switch (c[k])              /*根据运算符进行不同的运算*/
            {
                case  '*':n=a1*a2;break;
                case  '/':n=a1/a2;break;
                case  '+':n=a1+a2;break;
                case  '-':n=a1-a2;
            }
            if (m==n)                  /*将输入的答案与正确的答案比较*/
            {   printf("答案正确!\n");
                score++;
            }
            else  printf("答案错误!\n");
            }
            printf("你的得分是:%d,是否继续(Y/N)?",score);
            scanf(" %c",&key);
            if ((key!='y')&&(key!='Y')) t=0;
    }
}
```

10. 从键盘上输入 4 名学生的成绩，存入结构体数组中，并计算出每位同学的总成绩。

参考数据：

name	number	score1	score 2	score 3	sum
a	1	80	76	85	
b	2	93	87	90	
c	3	65	72	75	
d	4	83	92	75	

解：源程序如下所示。

```
#include <stdio.h>
/*定义学生结构体类型*/
struct STUDENT{
char num[10];
char name[10];
float score[3];
float sum;
};
void main()
{
    struct STUDENT st[4],*p;
    int i=0,j=0;
    p=st;
/*对 4 名学生信息进行初始化*/
    for(;p<st+4;p++)
    {   printf("请依次输入学生学号，姓名，三门功课成绩: \n");
        scanf("%s%s%f%f%f",p->num,p->name,&p->score[0],&p->score[1],
        &p->score[2]);
    }
/*求每名学生的总分*/
```

```
        p=st;
        for(i=0;i<4;i++)
        {    for(j=0;j<3;j++)
                 st[i].sum+=st[i].score[j];
        }

    for(i=0;i<4;i++)
    {    printf("%s  %s ",st[i].name,st[i].num);
         for(j=0;j<3;j++)
             printf("%4.2f ",st[i].score[j]);
         printf("%4.2f ",st[i].sum);
         printf("\n");
    }
}
```

运行结果如图 2-5-1 所示。

```
请依次输入学生学号，姓名，三门功课成绩：
a 1 80 76 85
请依次输入学生学号，姓名，三门功课成绩：
b 2 93 87 90
请依次输入学生学号，姓名，三门功课成绩：
c 3 65 72 75
请依次输入学生学号，姓名，三门功课成绩：
d 4 83 92 75
1  a 80.00 76.00 85.00 241.00
2  b 93.00 87.00 90.00 270.00
3  c 65.00 72.00 75.00 212.00
4  d 83.00 92.00 75.00 250.00
Press any key to continue
```

图 2-5-1　运行结果

第 6 章 函数和预处理

一、问答题

（略）

二、选择题（从四个备选答案中选出一个正确答案）

1. C	2. D	3. D	4. B	5. C
6. A	7. D	8. A	9. C	10. B
11. B	12. D	13. A	14. D	15. C
16. D	17. B	18. D	19. B	20. A

三、填空题

1. extern
2. auto 型或自动型
3. 该数组的首地址
4. 值传递或将实参的值传递给形参
5. 【1】n=1　　【2】t
6. 【1】<=y　　【2】z*x
7. 【1】1　　【2】k　　【3】0　　【4】f(k)
8. 230
9. 【1】#include<stdio.h>【2】#include"xyz.c"(注：【1】和【2】可以互换)
10. c=2
11. ((y%4==0) && (y%100!=0) || (y%400==0))

四、根据给出的程序写出运行结果

1. b=1 c=5
   b=1 c=6
   b=1 c=7
2. 12
3. 9.000000 或 9
4. 4
5. 2041 2044

五、编程题

1. 设计一个函数 int isprime(int n)判断 n 是否为素数，当 n 为素数时，返回 1，否则返回 0，在主函数中输入整数 m，调用 isprime()函数，输出 m 是素数或不是素数的信息。如“4 不是素数”。

解：根据题意，本程序包含两个函数，即主函数和 isprime()函数，在主函数中输入待判断的数 m，然后调用 isprime()函数，输出相应信息。同时程序可以受控退出或连续运行。

参考源程序如下：

```
#include <stdio.h>
#include <math.h>
void main()
{    int isprime(int n);
     int m;
     char y;
     while(1)
     {    printf("按 Y/y 键退出本程序，按其他键继续执行本程序");
          y=getchar();
          if((y=='Y')||(y=='y')) break;
          else
          {    printf("请输入一个整数: ");
               scanf("%d",&m);
               if(isprime(m))
                    printf("%d 是素数\n",m);
               else
                    printf("%d 不是素数\n",m);
          }
     }
}
int isprime(int n)
{    int i,k,z=1;
     k=(int)sqrt(n);
     for(i=2;i<=k;i++)
       if(n%i==0)
       { z=0;break; }
     return z;
}
```

运行结果：

```
按 Y/y 键退出本程序，按其他键继续执行本程序 N↙
请输入一个整数: 4↙
4 不是素数
按 Y/y 键退出本程序，按其他键继续执行本程序 N↙
请输入一个整数: 5↙
5 是素数
按 Y/y 键退出本程序，按其他键继续执行本程序 y↙
Press any key to continue
```

2. 设计一个函数 int max(int m, int n)用来求 m 和 n 中的较大数。在主函数中从键盘给 x1、x2、x3 赋值，通过多次调用 max()函数求三个数中的最大数。

解：根据题意，本程序包含两个函数，即主函数和 max()函数，在主函数中输入三个数，然后调用两次 max()函数，输出三个数中的最大数。同时程序可以受控退出或连续运行。

参考源程序如下：

```
#include <stdio.h>
void main()
{    int max(int,int);
     int x1,x2,x3,temp,max1;
     char y;
     while(1)
     {    printf("按 Y/y 键退出本程序，按其他键继续执行本程序");
          y=getchar();
          if((y=='Y')||(y=='y')) break;
          else
          {    printf("请输入 3 个整数: ");
               scanf("%d%d%d",&x1,&x2,&x3);
               temp=max(x1,x2);
               max1=max(temp,x3);
               printf("%d,%d,%d 中的最大数是\n",x1,x2,x3,max1);
          }
     }
}
int max(int m,int n)
{    int k;
     k=if(m>n)?m:n;
     return k;
}
```

运行结果：

```
按 Y/y 键退出本程序，按其他键继续执行本程序 N↙
请输入 3 个整数: 4  -5   16↙
4,-5,16 中的最大数是 16
按 Y/y 键退出本程序，按其他键继续执行本程序 y↙
Press any key to continue
```

思考：若函数原型为 int max(int *m,int *n);，程序应如何编写？

3. 从键盘输入一个班学生（最多 30 人）某门课的成绩，当输入成绩为-1 时，输入结束（数据输入在主函数中完成）。编写 3 个函数分别实现以下功能：

（1）统计不及格人数并输出不及格学生名单。

（2）统计成绩高于全班平均分的学生人数并输出这些学生的名单。

（3）统计各分数段的学生人数及所占百分比。

解：根据题意，我们先规划函数结构和主要的数据类型。

```
#define M 30              M 为最大学生数，定义为宏利于程序调试、修改
float stu_score[M];       存放一门课成绩（如物理）
int  stu_num[M];          存放学号
int n=0;                  存放实际学生人数
```

在主函数中完成学号和成绩的输入，并存放到相应的数组中，作为主调函数来调用其他函数，编写本函数时请注意在学生人数不确定时如何将成绩和学号存入 stu_score 和 stu_num 数组中。首先定义两个变量 num 和 score，并且使 n=0，当 n<M&&score!=-1 时，从键盘为 num 和 score 赋值，并使 stu_score[n]=score,stu_num[n]=num，当需要结束输入，为 num 输入 0，为 score 输入-1，此时 n 为实际参考的学生人数。

void score_fail(int *num,float *score,int m);该函数完成统计不及格人数及输出不及格学生名单。调用该函数时，形参接收主调函数的“学生学号（stu_num）”、“课程成绩（stu_score）”及“学生人数（n）”。

void num_gd(float *score,int m);该函数统计各分数段人数及所占百分比，形参接收主调函数的“课程成绩（stu_score）”、“学生人数（n）”。

float stu_aver(float *score,int m);该函数求平均分，形参接收主调函数的“课程成绩（stu_score）”、“学生人数（n）”。

void high_aver(int *num,float *score,int m,float aver);该函数输出高于平均分的学生名单，形参接收主调函数的“课程成绩（stu_score）”、“学生人数（n）”和“平均分（aver）”。

参考源程序如下：

```
#include<stdio.h>
#define M 30
void main()
{   void score_fail(int *num,float *score,int m);
    void num_gd(float *score,int m);
    void high_aver(int *num,float *score,int m,float aver);
    float stu_aver(float *score,int m);
    float stu_score[M];            /*存放一门课成绩（物理）*/
    int  stu_num[M];               /*存放学号*/
    int n=0;                       /*统计实际学生人数*/
    int num=9999;
    float score,aver;
    /*录入学号、物理成绩*/
    while(n<M&&score!=-1)
    {   printf("\t\t请输入学号，结束时输入0: ");
        scanf("%d",&num);
        printf("\t\t请输入物理课成绩,输入-1结束: ");
        scanf("%f",&score);
        if(score==-1) break;
        else {stu_num[n]=num;stu_score[n]=score;n++;}
    }
    aver=stu_aver(stu_score,n);
    high_aver(stu_num,stu_score,n,aver);
    score_fail(stu_num,stu_score,n);
    num_gd(stu_score,n);
}
/*统计各分数段人数及所占百分比*/
void score_fail(int *num,float *score,int m)
{   int num_5=0;                   /*统计不及格学生人数*/
    int i;
    printf("\t\t------------不及格名单如下-----------\n");
    printf("\t\t学号\t\t\t成绩\n");
    for(i=0;i<m;i++)
        if(score[i]<60)
        {   printf("\t\t%4d\t\t\t%3.0f\n",num[i],score[i]);
            num_5++;
```

```
        }
        printf("\t\t 不及格人数为: %d\n",num_5);
}
/*统计各分数段人数及所占百分比*/
void num_gd(float *score,int m)
{    int num_9=0;/*统计 90 分及以上学生人数*/
     int num_8=0;/*统计 80 分及以上学生人数*/
     int num_7=0;/*统计 70 分及以上学生人数*/
     int num_6=0;/*统计 60 分及以上学生人数*/
     int num_5=0;/*统计不及格学生人数*/
     float bl_9,bl_8,bl_7,bl_6,bl_5;
     for(int i=0;i<m;i++)
     {    if(score[i]>=90)     num_9++;
          if(score[i]>=80&&score[i]<90)   num_8++;
          if(score[i]>=70&&score[i]<80)   num_7++;
          if(score[i]>=60&&score[i]<70)   num_6++;
          if(score[i]<60)                 num_5++;
     }
     bl_9=(float)num_9/(float)m*100;
     bl_8=(float)num_8/(float)m*100;
     bl_7=(float)num_7/(float)m*100;
     bl_6=(float)num_6/(float)m*100;
     bl_5=(float)num_5/(float)m*100;
     printf("\t\t-------各分数段人数及所占百分比------\n");
     printf("\t\t90 分以上人数:     %d, 所占百分比%4.1f%%\n",num_9,bl_9);
     printf("\t\t80--90 分以上人数: %d, 所占百分比%4.1f%%\n",num_8,bl_8);
     printf("\t\t70--79 分以上人数: %d, 所占百分比%4.1f%%\n",num_7,bl_7);
     printf("\t\t60--69 分以上人数: %d, 所占百分比%4.1f%%\n",num_6,bl_6);
     printf("\t\t60 分以下人数:     %d, 所占百分比%4.1f%%\n",num_5,bl_5);
}
/*输出高于平均分的学生名单*/
void high_aver(int *num,float *score,int m,float aver)
{    int i;
     printf("\t\t---------高于平均分学生名单----------\n");
     printf("\t\t 学号\t\t\t 成绩\n");
     for(i=0;i<m;i++)
          if(score[i]>aver)
               printf("\t\t%d\t\t\t%4.1f\n",num[i],score[i]);
}
/*求平均分*/
float stu_aver(float *score,int m)
{    int i;
     float aver=0.0;
     for(i=m-1;i>=0;i--)
          aver+=score[i];
     aver/=m;
     return aver;
}
```

运行结果如图 2-6-1 所示。

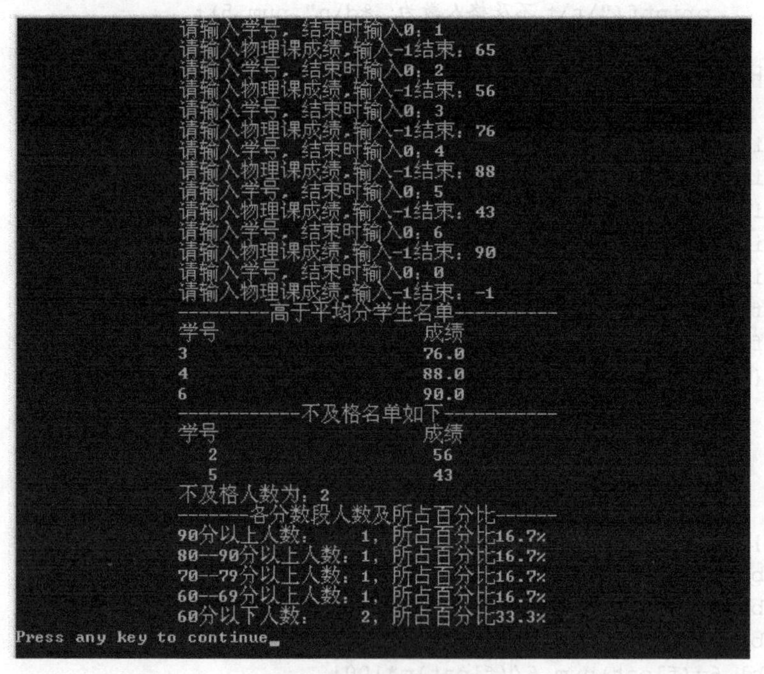

图 2-6-1 运行结果

思考：

（1）体会编写程序时必要的提示信息和输出格式的设计，灵活使用输出格式符达到要求。

（2）理解实参和形参间的数据传递方式及所能达到的效果，从而根据实际情况选择合适的数据传递方式。

（3）进一步理解函数定义、声明、调用时应注意的问题。总结上机过程中出现的错误、错误的原因及解决的方法并记录下来。

4. 某班期末考试科目为数学（mt）、英语（en）和物理（ph），有 n 个（小于 20，人数自定，但不要太大）学生参加考试。编写 4 个函数分别完成以下功能：

（1）数据输入，包括学号、数学、英语和物理成绩。

（2）计算每个学生的总分和平均分。

（3）按照总分成绩由高到低排出成绩名次。

（4）任意输入一个学号，查找出该学生在班级中的名次及其考试成绩。

解：根据题意，需要编写 4 个函数分别实现上述功能，下面介绍主要数据类型声明及函数原型。

```
#define M  20                M 表示最多学生数，定义为宏使程序修改更方便
#define N   3                N 表示课程门数
int stu_num[M];              存放学生学号
char kch_name[N][10];        存放课程名程，最多 10 个字符或 5 个汉字
float stu_score[M][N];       存放课程成绩
float stu_total[M];          存放每个学生的总分
float stu_aver[M];           存放每个学生的平均分
int stu_mc[M];               存放学生的名次
int n;                       n 中存放实际参考人数
```

int input(int *num,char name[][10],float score[][N]);该函数完成录入课程名称、每个学生的学号和三门课的成绩，形参分别接收主调函数中的“学号（stu_num）”、“课程名程(kch_name)”、“课程成绩”(stu_score)。返回值为实际学生人数 n。

void total_aver(float score[][N],float *total,float *aver,int m);该函数完成求每个学生的总分和平均分，形参分别接收主调函数中的“课程成绩”（stu_score）、“总分（stu_total）”、“平均分（stu_aver）”和“实际学生人数（n）”。由于实参和形参为数组名和指针，实参数组名和形参指针指向共同的内存区域，所以主调函数中的 stu_toral 数组和 stu_aver 数组中的各个元素也获得了相应的值。

void sort(float score[][N],int *num,float *total,float *aver,int *mc1,int m);该函数完成按照总分从高到低排序并排出名次，名次可以并列。编写这个函数时注意在排序时交换两个总分时，其他数据如学号、平均分、其他三门课的成绩也要交换，才能保证数据的正确性；在排名次时，定义了数组 bl[M]（并列），bl[0] ~ bl[M]分别为 1 ~ M，mc[0]=1（mc 为指向一维数组的指针），若 total[i]==total[i-1]，则 mc[i]=mc[i-1]，否则 mc[i]=bl[i]，解决了名次并列问题。形参分别接收主调函数中的“课程成绩（stu_score）”、“学号（stu_num）”、“总分（stu_total）”、“平均分（stu_aver）”、“名次（stu_mc）”和“实际学生人数（n）”

void find(int *num,float score[][N],float *total,float *aver,int *mc,int m);该函数完成按照学号查询的功能，可以重复查询，通过设立结束标志，能够控制循环结束。形参分别接收主调函数中的“学号（stu_num）”、“课程成绩（stu_score）”、“总分（stu_total）”、“平均分（stu_aver）”、“名次（stu_mc）”、“实际学生人数（n）”。

设计函数程序时注意：

（1）根据数据的特点，选用合适的数据类型。

（2）函数定义和声明时保证返回值类型、形参类型及个数对应一致，通常把函数定义的首部复制加上分号；作为函数声明，避免出错。

（3）调用函数时保证实参和对应形参的类型一致，个数一致，函数个数较多时，调用函数时函数名称要写正确，不要混淆。

（4）注意必要的提示信息和输出格式的设计，灵活掌握 printf 的格式符，达到整齐、美观的效果。

参考源程序如下：

```
#include <stdio.h>
#define M 20
#define N 3
void main()
{    int input(int *num,char name[][10],float score[][N]);
     void total_aver(float score[][N],float *total,float *aver,int m);
     void sort(float score[][N],int *num,float *total,float *aver,int
     *mc1,int m);
     void find(int *num,float score[][N],float *total,float *aver,int
     *mc1,int m);
     int stu_num[M];              /*存放学号*/
     char kch_name[N][10];        /*存放课程名*/
     float stu_score[M][N];       /*存放课程成绩*/
     float stu_total[M]={0};      /*存放总分*/
```

```
    float stu_aver[M];                          /*存放平均分*/
    int stu_mc[M];                              /*存放名次*/
    int n;
    n=input(stu_num,kch_name,stu_score);        /*n 中存放实际参考人数*/
    total_aver(stu_score,stu_total,stu_aver,n);
    sort(stu_score,stu_num,stu_total,stu_aver,stu_mc,n);
    find(stu_num,stu_score,stu_total,stu_aver,stu_mc,n);
}
/*录入学号、课程成绩*/
int input(int *num,char name[][10],float score[][N])
{   /*输入课程名*/
    int i,n=0,numb;
    float mt,en,ph;
    printf("按行输入课程名称\n");
    for(i=0;i<N;i++)
        scanf("%s",(name+i));
    /*录入学号和成绩*/
    printf("请输入学号和课程成绩，以 Tab 键分隔，均输入 0 结束：\n");
    printf("学号\t");
    for(i=0;i<N;i++)
        printf("%s\t",(name+i));
    printf("\n");
    while(n<M&&numb!=0)
    {   scanf("%d%f%f%f",&numb,&mt,&en,&ph);
        if(numb==0)     break;
        else
        {num[n]=numb;score[n][0]=mt;score[n][1]=en;score[n][2]=ph;n++;}
    }
    return n;                                   /*实际参考的学生人数*/
}
/*求每个学生的总分和平均分*/
void total_aver(float score[][N],float *total,float *aver,int m)
{   int i,j;
    for(i=0;i<m;i++)
    {   total[i]=0;
        for(j=0;j<N;j++)
            total[i]+=score[i][j];
        aver[i]=total[i]/N;
    }
}
/*按照总分从高到低排名次*/
void sort(float score[][N],int *num,float *total,float *aver,int *mc,int
m)
{   int i,j,k,xh,bl[M];
    float temp;
    for(i=0;i<m-1;i++)
        for(j=0;j<m-i-1;j++)
            if(total[j+1]>total[j])
                for(k=0;k<N;k++)
```

```
                {   temp=score[j][k],score[j][k]=score[j+1][k],
                    score[j+1][k]=temp;
                    xh=num[j],num[j]=num[j+1],num[j+1]=xh;
                }
    for(mc[0]=bl[1]=1,i=1;i<m;i++)        /*本循环处理名次问题，包括并列名次*/
    {   bl[i]=i+1;
        if(total[i]==total[i-1])mc[i]=mc[i-1];
        else mc[i]=bl[i];
    }
    printf("名次\t 学号\t 数学\t 英语\t 物理\t 总分\t 平均分\n");
    for(i=0;i<m;i++)
    {   printf("%d\t%d",mc[i],num[i]);
        for(j=0;j<N;j++)
            printf("\t%4.0f",score[i][j]);
        printf("\t%4.0f\t%4.0f",total[i],aver[i]);
        printf("\n");
    }
}
/*按照学号查询成绩和名次，可以重复查询*/
void find(int *num,float score[][N],float *total,float *aver,int *mc,int m)
{
    int numb,i,j;
    while(1)
    {
        printf("请输入要查询的学号，输入-1 结束程序：");
        scanf("%d",&numb);
        if(numb==-1)break;
        for(i=0;i<m;i++)
        {
            if(num[i]==numb)
            {   printf("该学生已查到，下面是他/她的成绩单\n");
                printf("名次\t 学号\t 数学\t 英语\t 物理\t 总分\t 平均分\n");
                printf("%d\t%d",mc[i],num[i]);
                for(j=0;j<N;j++)
                    printf("\t%4.0f",score[i][j]);
                printf("\t%4.0f\t%4.0f",total[i],aver[i]);
                printf("\n");
                break;
            }
        }
        if(i>=m)                                /*没有此条件，会出现什么结果？*/
        {
            printf("该学生不存在\n");
            break;
        }
    }
}
```

运行结果如图 2-6-2 所示。

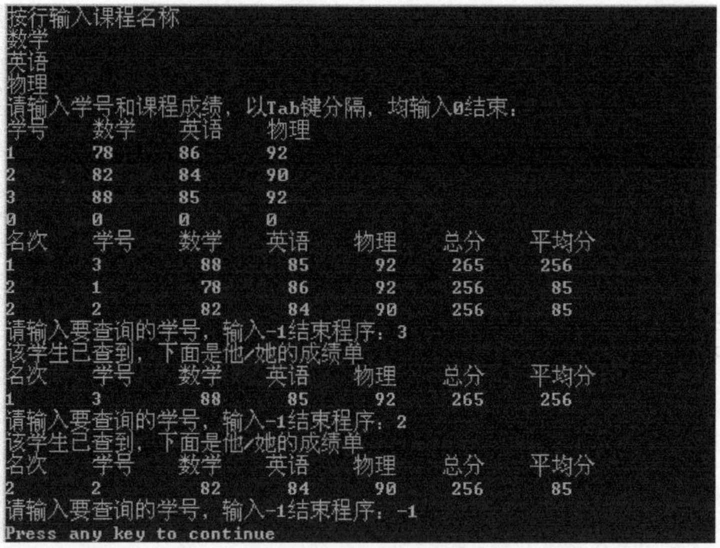

```
按行输入课程名称
数学
英语
物理
请输入学号和课程成绩，以Tab键分隔，均输入0结束：
学号    数学    英语    物理
1       78      86      92
2       82      84      90
3       88      85      92
0       0       0       0
名次    学号    数学    英语    物理    总分    平均分
1       3       88      85      92      265     256
2       1       78      86      92      256     85
2       2       82      84      90      256     85
请输入要查询的学号，输入-1结束程序：3
该学生已查到，下面是他/她的成绩单
名次    学号    数学    英语    物理    总分    平均分
1       3       88      85      92      265     256
请输入要查询的学号，输入-1结束程序：2
该学生已查到，下面是他/她的成绩单
名次    学号    数学    英语    物理    总分    平均分
2       2       82      84      90      256     85
请输入要查询的学号，输入-1结束程序：-1
Press any key to continue
```

图 2-6-2　运行结果

思考：

（1）若用二维数组存放成绩和总分、平均分，程序应如何编写？

（2）在 find()函数中 if(i>=m) {printf("该学生不存在\n");break;}若没有 if 条件，会有什么结果？若该语句放在 for(i=0;i<m;i++)循环内，会出现什么结果？自己试着找出原因。

（3）把函数声明、宏定义存入一个.h 文件中，文件名及位置自定，请修改程序并上机调试。

5. a 是一个 2×4 的整型数组，且各元素均已赋值。函数 max_value()可求出其中值最大的元素 max 以及它所在的行号和列号，并在主调函数中输出相应信息。请编写 max_value()函数。函数原型为 max_value(int arr[ ][4],int m,int n){…return max }(m,n 为二维数组的行号和列号)。

解：根据题意调用 max_value()函数，返回最大值及所在的行号和列号，可以定义两个全局变量 rank 和 colu 分别存放行号和列号。在函数 max_value()中，max 的初值为 a[0][0]，然后 max 与 a 中所有元素逐个比较，若 a[i][j]>max，rank=i，colu=j，由于 rank 和 colu 在主函数中也有效，故在主函数中可以得到相应信息。因为形参和实参均为数组名，所以调用后数组名 a 和 arr 指向同一块内存区域，它们之间的数据传递属于地址传递。

参考源程序如下：

```
#include<stdio.h>
int rank,colu;
void main()
{   int max_value(int arr[][4],int m,int n);
    extern rank,colu;
    int a[2][4],i,j,max;
    printf("请给数组 a 赋值\n");
    for(i=0;i<2;i++)
        for(j=0;j<4;j++)
        {   printf("a[%d][%d]=",i,j);
            scanf("%d",&a[i][j]);
        }
```

```
    for(i=0;i<2;i++)
    {   for(j=0;j<4;j++)
            printf("a[%d][%d]=%d  ",i,j,a[i][j]);
        printf("\n");
    }
    max= max_value(a,2,4);
    printf("数组中值最大的元素：%d，位于第%d行，第%d列\n",max,rank,colu);
}
int max_value(int arr[][4],int m,int n)
{   extern rank,colu;
    int i,j,max=arr[0][0];
    for(i=0;i<m;i++)
        for(j=0;j<n;j++)
            if(arr[i][j]>max)
                max=arr[i][j],rank=i+1,colu=j+1;
    return  max;
}
```

运行结果：

```
请给数组a赋值
a[0][0]=1↙
a[0][1]=23↙
a[0][2]=45↙
a[0][3]=67↙
a[1][0]=90↙
a[1][1]=99↙
a[1][2]=78↙
a[1][3]=86↙
a[0][0]=1  a[0][1]=23  a[0][2]=45  a[0][3]=67
a[1][0]=90  a[1][1]=99  a[1][2]=78  a[1][3]=86
数组中值最大的元素：99，位于第2行，第2列
```

思考：在主函数中，去掉语句 max= max_value(a,2,4);，同时 printf("数组中值最大的元素：%d，位于第%d 行，第%d 列\n",max,rank,colu);改为 printf("数组中值最大的元素：%d，位于第%d 行，第%d 列\n",ma_value(a,2,4),rank,colu);，会有什么结果？

6. 用递归函数解决猴子吃桃问题。问题描述如下：有一堆桃子不知其数，猴子每天吃前一天的一半多一个，到第十天只剩一个，求这堆桃子的个数。

解：根据题意写出递归公式：

$$num(n)=\begin{cases}1 & (n=10)\\(num(n+1)+1)*2 & (n<10)\end{cases}$$

据此可以写出递归函数。

参考源程序如下：

```
#include<stdio.h>
void main()
{   int num(int n);
    printf("第一天的桃子数为：%d\n",num(1));
}
```

```
int num(int n)
{    int total;
     if(n==10)
         total=1;
     else total=(num(n+1)+1)*2;
     return total;
}
```

运行结果：

```
第一天的桃子数为：1534
```

7. 定义带参的宏，并通过编程实现求两个整数的余数。

解：定义带参数的宏#define YUSH(m,n) (m)%(n)，在主函数中输入两个整数，调用宏 YUSH，并输出结果。

参考源程序如下：

```
#include <stdio.h>
#define YUSH(m,n)  (m)%(n)
void main()
{    int m,n,k;
     while(1)
     {    printf("请输入两个整数，用空格分开：");
          scanf("%d%d",&m,&n);
          k=YUSH(m,n);
          printf("%d 除以%d 的余数为：%d\n",m,n,k);
          printf("若退出程序，请按 Y/y 键回车，否则按其他键回车");
          if((getchar()=='Y')|(getchar()=='y')) break;
     }
}
```

运行结果：

```
请输入两个整数，用空格分开：16 5↙
16 除以 5 的余数为：1
若退出程序，请按 Y/y 键回车，否则按其他键回车
请输入两个整数，用空格分开：16  -5↙
16 除以-5 的余数为：-1
若退出程序，请按 Y/y 键回车，否则按其他键回车 y↙
Press any key to continue
```

8. 定义带参的宏 SWAP(x,y)，以实现两个整数间的交换，并利用它将两个整数 a 和 b 进行交换。

解：定义带参数的宏#define SWAP(x,y) int z;z=x+y,x-=z,y-=z;在主函数中输入两个整数，调用宏 SWAP，然后输出结果。

参考源程序如下：

```
#include <stdio.h>
#define SWAP(x,y) int z;z=x+y,x-=z,y-=z
void main()
{    int m,n,k;
     while(1)
     {    printf("请输入两个整数，用空格分开：");
          scanf("%d%d",&m,&n);
          printf("交换前 m=%d,n=%d\n",m,n);
          SWAP(m,n);
```

```
            printf("交换后 m=%d,n=%d\n ",m,n);
            printf("若退出程序，请按 Y/y 键回车，否则按其他键回车");
            if((getchar()=='Y')||(getchar()=='y')) break;
        }
    }
```

运行结果：

```
请输入两个整数，用空格分开：16 5↙
交换前 m=16,n=5
交换后 m=5,n=16
若退出程序，请按 Y/y 键回车，否则按其他键回车
```

9. 分别用函数和带参的宏实现从三个数中找最大数。

（1）用函数实现，参考程序：

```
#include <stdio.h>
void main()
{   int max(int x,int y,int z);
    int a,b,c;
    printf("请输入三个整数，用空格分开：");
    scanf("%d%d%d",&a,&b,&c);
    printf("最大数=%d\n",max(a,b,c));
}
int max(int x,int y,int z)
{   int m;
    m=x>y?x:y;
    m=m>z?m:z;
    return m;
}
```

运行情况：

```
请输入三个整数，用空格分开：16,43,8↙
最大数=43
```

（2）用带参的宏实现，参考程序：

```
#include <stdio.h>
#define MAX(a,b)  (a)>(b)?(a):(b)
    void main()
    {   int a,b,c;
        printf("请输入三个整数，用空格分开：");
        scanf("%d%d%d",&a,&b,&c);
        printf("最大数=%d\n",MAX(MAX(a,b),c));
    }
```

运行情况：

```
请输入三个整数，用空格分开：16,43,8↙
最大数=43
```

10. 设计一个用于支持在一行内可以输出 1～3 个整数的格式输出头文件。

解： 首先创建一个工程，例如在 D 盘根目录下创建名为 file 的工程，在 file 工程中新建源程序文件 score.cpp 和 C 的头文件 format.h，在 format.h 中定义要求的格式，在 score 源程序文件中输入数据，使用定义的格式，验证其正确性。

参考源程序如下：

format.h 文件中的内容：

```
#define NL "\n"
#define D "%d"
#define D1 D NL
#define D2 D "\t" D NL
#define D3 D "\t" D "\t" D NL
```

用户文件 score.cpp 中的内容：

```
#include <stdio.h>
#include"format.h"/*因为 format.h 和源文件在同一文件夹下，直接写文件名即可*/
void main()
{    float f1,f2,f3;
     printf("请输入三个整数，以空格分开：");
     scanf("%d%d%d",&f1,&f2,&f3);
     printf(D1,f1);
     printf(D2,f1,f2);
     printf(D3,f1,f2,f3);
}
```

运行结果：

```
请输入三个实数：1 2 3↙
1
1    2
1    2    3
```

第 7 章 文 件

一、选择题

1. A	2. C	3. C	4. B	5. A
6. A	7. C	8. B	9. C	10. C

二、填空题

1. 【1】ASCII（文本）【2】二进制
2. 【1】顺序　【2】随机（直接）
3. 【1】字节　【2】流式
4. 【1】NULL　【2】0
5. 【1】"rb"或"rb+"　【2】fgetc(fp)　【3】count++　【4】fclose(fp)
6. 【1】*fp1,*fp2　【2】fp1　【3】fputs(str, fp2)
7. 【1】FILE *fp　【2】sizeof(struct rec)　【3】r.num, r.total

三、编程题

1. 从键盘输入一个字符串，将其中的小写字母转成大写字母后存入文件"upper.txt"中。然后再将该文件的内容显示到屏幕上。

本题可以使用以下两种方法：

（1）字符串输入使用 getchar()函数，并在输入过程中实现小写转大写，同时使用 fputc()函数将字符逐个存入文件；输出文件内容使用 fgetc()函数读字符。

（2）字符串输入使用 gets()或 scanf()函数，通过 strupr()函数实现小写转大写，再使用 fputs()函数将字符串存入文件；输出文件内容使用 fgets()函数读字符串。

这里仅给出第一种方法的参考程序，第二种方法对应的程序由读者自行解决。

参考源程序如下：

```
#include <stdio.h>
#include <stdlib.h>
void main()
{   FILE *fp;
    char c;
    if((fp=fopen("upper.txt","w+"))==NULL)
    {   printf("Can not open the file.\n");
        getche();
```

```
            exit(0);
        }
        while((c=getchar())!='\n')
        {   if(c>='a'&&c<='z') c-=32;
            fputc(c, fp);
        }
        rewind(fp);
        while(!feof(fp))
            putchar(fgetc(fp));
        fclose(fp);
    }
```

运行情况：

```
This is a C-program. ↙
THIS IS A C-PROGRAM.
```

2. 已知文件 number.dat 中存放着一组整数，编程统计输出该文件中的正整数、零和负整数的个数，并将统计结果存入该文件的尾部。

本题中一组整数个数未知，不可使用 fread()函数一次性读取全部数据，但可以使用 fread()函数逐个读取各个整数，同时判断其正、负或零。

参考源程序如下：

```
#include <stdio.h>
#include <stdlib.h>
void main()
{   FILE *fp;
    int i,pc=0,nc=0,zc=0;
    if((fp=fopen("number.dat","rb+"))==NULL)
    {   printf("Can not open the file.\n");
        getche();
        exit(0);
    }
    while(!feof(fp))
    {   fread(&i,4,1,fp);
        if(i>0) pc++;
        else
            if(i<0) nc++;
            else zc++;
    }
    printf("pc=%d\nnc=%d\nzc=%d\n",pc,nc,zc);
    fprintf(fp,"%d%d%d",pc,nc,zc);
    fclose(fp);
}
```

运行结果取决于文件 number.dat 的内容。

请读者思考：如何将 fprintf()函数改为 fwrite()函数？

3. 从键盘输入 10 个实数存入文件中，并在该文件的尾部记录其中的最小值、最大值和平均值。

本题明确实数个数为 10，可使用 fwrite 函数一次性写入 10 个实数，也可以使用 fwrite()函数或 fprintf()函数逐个写入各个实数。

参考源程序如下：

```
#include <stdio.h>
#include <stdlib.h>
```

```
void main()
{   FILE *fp;
    int i;
    float r[10], max, min, aver=0;
    if((fp=fopen("real.dat", "wb"))==NULL)
    {   printf("Can not open the file.\n");
        getche();
        exit(0);
    }
    for(i=0; i<10; i++)
        scanf("%f",&r[i]);
    fwrite(r,4,10,fp);
    for(max=min=r[0],i=0; i<10; i++)
    {   aver+=r[i];
        if(max<r[i]) max=r[i];
        if(min>r[i]) min=r[i];
    }
    aver/=10;
    printf("Max=%.2f\nMin=%.2f\nAver=%.2f\n",max,min,aver);
    fprintf(fp,"%.2f%.2f%.2f",max,min,aver);
    fclose(fp);
}
```

运行情况：

```
12.4 62 48.2 -8.6 72 18 36.6 13 0 26↙
Max=72.00
Min=-8.60
Aver=27.96
```

请读者思考：如何将 fwrite()函数改为 fprintf()函数？

4. 假设磁盘上有两个文件 x.txt 和 y.txt，现要求将两个文件内容合并（x.txt 文件内容在前，y.txt 文件内容在后），并将合并后的内容存入文件 z.txt 中。

本题应该打开三个文件。在 x.txt 和 y.txt 中使用 fgets()函数读取字符串，然后使用 fputs()函数写入到 z.txt 中。最后，用 fgets()函数读取 z.txt 文件内容并显示。

参考源程序如下：

```
#include <stdio.h>
#include <stdlib.h>
#define N 200
void main()
{   FILE *fp1,*fp2,*fp3;
    char s[N],c;
    if((fp1=fopen("x.txt","r"))==NULL)
    {   printf("Can not open x.txt\n");
        getche();
        exit(0);
    }
    if((fp2=fopen("y.txt","r"))==NULL)
    {   printf("Can not open y.txt\n");
        getche();
        exit(0);
```

```
    }
    if((fp3=fopen("z.txt","w+"))==NULL)
    {   printf("Can not open z.txt\n");
        getche();
        exit(0);
    }
    while(!feof(fp1))
    {   fgets(s, N-1, fp1);
        fputs(s, fp3);
    }
    fputc('\n', fp3);                         /*在第二个文件内容之前加换行符*/
    while(!feof(fp2))
    {   fgets(s, N-1, fp2)
        fputs(s, fp3);
    }
    rewind(fp3);
    while(!feof(fp3))
    {   fgets(s, N-1, fp3);
        puts(s);
    }
    fclose(fp1);
    fclose(fp2);
    fclose(fp3);
}
```

运行结果取决于文件 x.txt 和 y.txt 的内容。

请读者思考：将 fgets()和 fputs()函数分别改用 fgetc()和 fputc()函数应如何实现？

5. 从键盘输入若干行字符（每行长度不等）存入一磁盘文件 a.txt 中。再将该文件各行中的大写字母依次存入另一个文件 b.txt 中，并显示出来。

参考源程序如下：

```
#include <stdio.h>
#include <stdlib.h>
#define N 80
void main()
{   FILE *fp1,*fp2;
    char s[N],*p;
    int n;
    if((fp1=fopen("a.txt","w"))==NULL)
    {   printf("Can not open a.txt\n");
        getche();
        exit(0);
    }
    if((fp2=fopen("b.txt","w+"))==NULL)
    {   printf("Can not open y.txt\n");
        getche();
        exit(0);
    }
    printf("Enter line amount: ");
```

```
    scanf("%d",&n);
    getche();                       /*接收上一行的换行符*/
    for(; n>0; n--)
    {   gets(s);                    /*输入一行字符串*/
        fputs(s,fp1);               /*写入本行字符串*/
        fputc('\n',fp1);            /*行尾加换行符*/
        for(p=s; *p!='\0'; p++)
            if(*p>='A'&&*p<='Z')    fputc(*p,fp2);
    }
    rewind(fp2);
    while(!eof(fp2))    putchar(fgetc(fp2);
    fclose(fp1);
    fclose(fp2);
}
```

运行情况：

```
Enter line amount: 3↙
This is a C data file↙
There are 3 Lines↙
oK↙
TCTLK
```

6. 已知文件 student.dat 中存放着一年级学生的基本情况，这些情况用以下结构体来描述：

```
struct student
{   long num;                   /*学号*/
    char name[10];              /*姓名*/
    int age;                    /*年龄*/
    char sex;                   /*性别*/
    char speciality[20];        /*专业*/
    char addr[30];              /*地址*/
}
```

编程输出学号在 1001~1035 之间学生的学号、姓名、年龄和性别。

参考源程序如下：

```
#include<stdio.h>
#include<stdlib.h>
struct student
{   int num;
    char name[10];
    int age;
    char sex;
    char speciality[20];
    char addr[30];
};
void main()
{   FILE *fp;
    struct student std;
    fp=fopen("student.dat","rb");
    if(fp==NULL)
    {   printf("File open error!\n");
        getche();
        exit(0);
    }
```

```
        else
        {
            while(!feof(fp))
            {   fread(&std,sizeof(struct student),1,fp);
                if(std.num>=1001 && std.num<=1035)
                    printf("\n%ld\t%s\t%d\t%c\n",std.num,std.name,std.age,
                std.sex);
            }
            fclose(fp);
        }
    }
```

运行结果取决于文件 student.dat 的内容。

第 8 章 面向对象程序设计

一、问答题

1. 什么是数据抽象，它所起的作用是什么？

答： 程序设计中的“数据抽象”是把软件设计任务所涉及的数据提取出来，并用类定义加以封装。

2. 如何理解类、对象与继承三个概念？

答： 类定义实现了数据封装，对象是类定义在程序设计中的体现，派生类继承了基类的成员，在此基础上添加了该类对象的具体特征。

3. C++语言与 C 语言本质的差别是什么？

答： C 是 C++子集，C++改进了 C 中的不足，并添加了面向对象的编程机制。

4. C++程序在编译过程中出现哪两大类错误，如何区别对待？

答： C++程序在编译过程中会出现语法错误和逻辑错误这两类错误，语法错误是初学者常犯的错误，而逻辑错误是编译不出错，但得不到正确的运行结果。需要耐心调试解决。

5. 类的成员一般分为哪两部分？有何区别？

答： 类中定义了数据成员和成员函数，数据成员是数据封装的具体体现，而成员函数则实现了数据成员的基本运算。

6. 从访问权限角度如何区别不同种类的成员，它们各自的特点是什么？

答： 类中成员的访问权限被分为私有的、保护的及其公有的，私有的数据成员只能在本类内部使用，外部程序只有通过共有的成员函数实现来访问。受保护的数据成员的作用区域可以延伸到派生类中，而公有的成员则在使用上不受限制。

7. 作用域运算符的功能是什么？它使用的格式如何？

答： 作用域运算符的作用是在类定义之外说明成员的归属。格式如下：

```
数据类型  类定义名：：成员名；
```

8. 什么是对象？如何定义一个对象？对象的成员如何表示？

答： 对象是类定义在程序中的实现。使用如下格式定义对象：

```
类定义名  对象名；
```

使用下列语句格式引用对象成员：

```
对象名.成员名；
```

9. 如何实现对象的初始化？

答： 在类定义使用构造函数实现对象的初始化。

10. 什么是默认构造函数？

答：如果类定义中没有定义构造函数，编译器系统提供默认的构造函数实现对象的初始化。

11. 析构函数有哪些特点，如何使用？

答：析构函数与类同名，作用是在程序结束之前，编译器系统自动调用析构函数，来实现程序结束之前的清理工作。

12. 什么是静态成员？静态成员的作用是什么？

答：静态成员是类定义的一部分，但它的作用域是全局域的，为该类对象所共同拥有。

13. 什么是友元？为什么使用友元？什么是友元函数？

答：友元函数尽管被封装在类定义中，但同函数一样使用。

14. 指向对象的指针和指向对象成员的指针有何不同？

答：指向对象的指针的语句格式如下：

```
类定义名:  *该类对象指针名;
```

指向数据成员指针的一般格式：

```
类型  类名:: *指针名
```

指向成员函数的指针的一般格式：

```
类型 (类名::*指针名)(参数表);
```

15. 对象引用作参数与对象指针作函数参数有何不同？

答：作为函数参数的对象指针需要系统提供额外的存储单元（指针变量）来保存目标单元的地址，而引用则无需此开销，对象引用作为函数参数的实质是在函数定义中直接使用目标单元内容，无需额外开销。

16. 什么是this指针？它有何作用？

答：this指针是C++编译器内部定义并使用的指针，在类定义中使用this指针说明某成员是指向本类对象的成员。

17. 什么是对象数组，如何定义，如何初始化赋值？

答：对象数组是同类对象的有限集，定义及使用与数组相同。对象数组可使用初始化列表初始化，也可使用循环赋值初始化。

18. 使用const修饰符定义常指针时，const位置有何影响？举例说明，如何定义一个常指针。

答：使用const修饰指针时，由于const的位置不同，而含意不同。下面举两个例子，说明它们的区别。下面定义的是一个指向字符串的常量指针：

```
char *const prt1=stringprt1;
```

其中，ptr1是一个常量指针。因此，下面赋值是非法的。

```
ptr1=stringprt2;
```

而下面的赋值是合法的：

```
*ptr1="m";
```

因为指针ptr1所指向的变量是可以更新的，不可更新的是常量指针ptr1所指的方向(别的字符串)。

下面定义了一个指向字符串常量的指针：

```
const  char *ptr2=stringprt1;
```

其中，ptr2是一个指向字符串常量的指针。ptr2所指向的字符串不能更新的，而ptr2是可以更新的。因此，*ptr2 = "x";是非法的，而 ptr2 = stringptr2; 是合法的。

19. 运算符 new 与 delete 创建和删除动态数组的格式如何？

答：创建动态数组的语句格式为：

```
数据类型 *指针变量=new 数据类型[单元个数];
```

删除动态数组的语句格式为：

```
delete 指针变量[];
```

20. C++中继承分为哪两类，继承方式又分哪三种？

答：C++中分为单继承和多继承，继承方式有私有、保护和公有三种。

21. 三种继承中各有什么特点？不同的继承方式中派生类的对象对基类成员的访问有何不同？

答：公有继承的派生类继承了基类中的全部成员（私有成员除外）；保护继承的派生类继承了基类中的公有成员；而私有继承没有价值，几乎很少使用。

22. 派生类与基类之间有什么关系？

答：基类体现了某类对象最基本的特征，而派生类是某类对象的具体实现。

23. 单继承中，派生类的构造函数格式如何？

答：单继承中派生类的构造函数语句格式如下所示。

```
派生类构造函数名（基类形参，派生类形参）：基类构造函数名（基类形参）{}
```

24. 为什么要引入虚函数？带有虚函数的派生类的构造函数有哪些特点？

答：在基类中定义一个没有实现过程的空函数，称为虚函数，在其派生类中得以实现。

25. 什么是多态性？为什么说它是面向对象程序设计的一个重要机制？

答：多态性体现了 C++源程序在后期联编中，同一个基类的派生类中实现的虚函数可得到不同执行效果，该机制称为多态性。

二、选择题

1. B	2. D	3. D	4. D	5. B	6. A	7. D
8. A	9. C	10. C	11. C	12. C	13. D	14. C
15. D	16. D	17. D	18. A	19. B	20. D	21. B
22. C	23. D	24. A	25. C	26. A	27. C	28. C

三、编程题

1. 创建一个 Employee 类，该类中有字符数组，表示姓名、街道地址、邮政编码。其功能有修改姓名、显示输出数据。要求函数放在类定义中，构造函数初始化每个成员，显示信息函数要求把对象中的完整信息打印出来。其中数据成员的访问权限为受保护的，成员函数访问权限是公有的。

解：参考源程序如下所示。

```
#include <iostream.h>
#include <string.h>
class Employee
{
protected:
    char Name[32];
    char Address[32];
    char Post[12];
```

```
public:
     Employee(char *N,char *A,char *P)
     {
        strcpy(Name,N);
        strcpy(Address,A);
        strcpy(Post,P);
     }
     void ModifyName(char *N)
     {
        strcpy(Name,N);
     }
     void ModifyAddr(char *A)
     {
        strcpy(Address,A);
     }
     void ModifyPost(char *P)
     {
        strcpy(Post,P);
     }
     void ShowInformation()
     {
        cout<<"Name:"<<Name<<endl;
        cout<<"Address:"<<Address<<endl;
        cout<<"Post:"<<Post<<endl;
     }
};
void main()
{
     Employee Wang("Wang Ping","YuHuaLu","580011");
     Wang.ShowInformation();
}
```

运行结果:

```
Name: Wang Ping
Address: YuHuaLu
Post:580011
```

2. 略。

3. 编写一个类，声明一个数据成员和一个静态数据成员。其构造函数初始化数据成员，并把静态数据成员加 1，其析构函数把静态数据成员减 1。

（1）编写一个应用程序，创建该类的 3 个对象，然后形成它们的数据成员和静态数据成员，再析构每个对象，并显示它们对静态数据成员的影响。

（2）修改该类，增加静态成员函数并访问静态数据成员，并声明静态数据成员为保护成员。

解：参考源程序如下所示。

```
#include <iostream.h>
#include <string.h>
class StaticExample
{
protected:
     static int StuCount;          /*学生人数*/
```

```
        char *StuNum;                   /*学生学号*/
    public:
        StaticExample(char *SN)
        {
            StuNum=new char(12);
            if(StuNum)
                strcpy(StuNum,SN);
            StuCount++;
        }
        ~StaticExample()
        {
            StuCount--;
        }
        static void ModifyStatic(int S)
        {
            StuCount=S;
        }
        void ShowInformation()
        {
            cout<<"StuNum:"<<StuNum<<endl;
            cout<<"StuCount:"<<StuCount<<endl;
        }
    };
    int StaticExample::StuCount=0;
    void main()
    {
        StaticExample S[3]={"2007111111","2007111112","2007111113"};
        for(int i=0;i<3;i++)
        {
            S[i].ShowInformation();
        }
    }
```

运行结果：

```
StuNum: 2007111111
StuCount:3
StuNum: 2007111112
StuCount:3
StuNum: 2007111113
StuCount:3
```

4. 编制选课系统，假设开设有数学、物理、计算机、英语 4 门课程。输入多个（设 3 个）学生姓名及所选课程、课程成绩，输出学生所选课程成绩及平均成绩。

解：参考源程序如下所示。

```
#include <iostream.h>
#include <string.h>
class SelectLesses
{
private:
    char Name[32];
    int Math,Phic,Comp,Eng;
```

```
        int LessesNum;              /*门数*/
        double Average;
    public:
        SelectLesses(char *N,int M,int P,int C,int E)
        {
            strcpy(Name,N);
            Math=M;  Phic =P; Comp= C; Eng=E;
            LessesNum=4;
            Average=(Math+Phic+Comp+Eng)/4.0;
        }
        SelectLesses(char *N,int M)
        {
            strcpy(Name,N);
            Math=M;
            LessesNum=1;
            Average=Math;
        }
        SelectLesses(char *N,int M,int P)
        {
            strcpy(Name,N);
            Math=M;  Phic=P;
            LessesNum=2;
            Average=(Math+Phic)/2.0;
        }
        SelectLesses(char *N,int M,int P,int C)
        {
            strcpy(Name,N);
            Math=M;  Phic=P; Comp=C;
            LessesNum=3;
            Average=(Math+Phic+Comp)/3.0;
        }

        void ShowInformation()
        {
            cout<<"Name:"<<Name<<endl;
            cout<<"LessesNum:"<<LessesNum<<endl;
            cout<<"AverageScore:"<<Average<<endl;
        }
    };

    void main()
    {
        SelectLesses s1("Zhang San",76,78,89,65);
        SelectLesses s2("Wang Wu",76,78,89);
        SelectLesses s3("Zhao liu",76,78);
        SelectLesses s4("Yang qi",76);
        s1.ShowInformation();
        s3.ShowInformation();
    }
```

运行结果:

```
Name: Zhang San
LessesNum:4
```

```
AverageScore:77
Name: Zhao liu
LessesNum:2
AverageScore:77
```

5. 设计一个图形库，该类库中有圆形、长方形等，功能有圆图形、填充颜色，计算面积、移动位置。

解：参考源程序如下所示。

```
#include <iostream.h>
const double PI=3.1415926;
class CShape
{
protected:
    double x0,y0;
public:
    CShape(void):x0(0),y0(0)
    { }
    CShape(double x,double y)
    {
        x0=x;
        y0=y;
    }
    virtual void Draw()=0;
    virtual double CalArea()=0;
};
class circle
{
public CShape
private:
    double radius;
    int COLORREF;
public:
    circle(double x,double y,double r,int c):CShape(x,y)
    {
        radius=r;
        COLORREF=c;
    }
    void Move_Circle(double x,double y)
    {
        x0=x;
        y0=y;
    }
    void Draw(void)
    {
        cout<<"circle x0="<<x0<<endl;
        cout<<"circle y0="<<y0<<endl;
        cout<<"radius="<<radius<<endl;
    }
    double CalArea(void)
    {
```

```
            return PI *radius *radius;
        }
    };
    void main()
    {
        CShape *psh;
        circle c1(2,3,10,255);
        psh = &c1;
        cout<<psh->CalArea()<<endl;
        c1.Move_Circle(10,20);
        c1.Draw();
    }
```

运行结果：

```
    314.159
    circle x0=10
    circle y0=20
    radius=10
```

6. 编制字符串类，完成字符串处理功能。

解：参考源程序如下所示。

```
    #include <iostream.h>
    #include <string.h>
    #include <stdlib.h>
    #define maxlen 128
    class CString
    {
    private:
        int curlen;
        char ch[maxlen];
    public:
        CString(void)
        {   strcpy(ch,"");  curlen=0;   }
        CString(const char *ps)
        {
            curlen=strlen(ps);  strcpy(ch,ps);
        }
        void evaluate(const CString &c)
        {
            this->curlen=c.curlen;
            strcpy(this->ch,c.ch);
        }
        void connection(const CString &c1,const CString &c2)
        {
            this->curlen=c1.curlen+c2.curlen;
            strcpy(this->ch,c1.ch);
            strcat(this->ch,c2.ch);
        }
        friend  CString cutstr(const CString &c,int m,int n)
        {
        CString temp;
```

```
        if(c.curlen< m+n)
        {   cerr <<"Enter m and n error!"<<endl;        }
        else
        {   temp.curlen=n;
            for(int i=0; i<n; i++)
            {   *(temp.ch+i)=*(c.ch+m+i);   }
            *(temp.ch + i)='\0';
        }
        return temp;
    }
    void show_CString(void)
    {   cout<<"CString:"<<ch<<endl; }
};
void main()
{
    CString c1("abc");
    CString c2("def");
    CString c3,c4;
    c3.connection(c1,c2);
    c4.evaluate(c3);
    c3.show_CString();
    c4.show_CString();
    CString cy("123456789");
    CString cz=cutstr(cy,3,3);
    cz.show_CString();
}
```

运行结果：

```
CString:abcdef
CString:abcdef
CString:456
```

7. 定义复数类，重载复数类的加法和减法，实现加减法运算。

解：参考源程序如下所示。

```
#include <iostream.h>
class complex
{
private:
    double real,imag;
public:
    complex(void)
    {
        real=imag=0;
    }
    complex(double r,double i)
    {
        real=r,imag=i;
    }
    friend complex operator+(const complex &c1,const complex &c2)
    {
        return complex(c1.real+c2.real,c1.imag+c2.imag);
```

```
        }
        friend complex operator-(const complex &c1,const complex &c2)
        {
            return complex(c1.real-c2.real,c1.imag-c2.imag);
        }
        friend void show(const complex &c)
        {
        if(c.imag<0)
            cout << c.real << '-' <<c.imag <<'i'<<endl;
        else
            cout << c.real <<'+' <<c.imag <<'i'<<endl;
        }
    };
    void main()
    {
        complex c1(2.0,3.0),c2(4.0,2.0),c3,c4;
        c3=c1+c2;
        cout << "c1+c2=" ;
        show(c3);
        c4=c1-c2;
        cout<<"c1-c2=";
        show(c4);
    }
```

运行结果:

```
c1+c2=6+5i
c1-c2=-2+1i
```

8. 编制一个实现单继承的人事信息管理系统，所有的单位成员都由基类 person 派生，在所有的派生类中定义同一个实现发放工资的成员函数，在主函数中用多态性实现某类人员工资的查询。

解：参考源程序如下所示。

```
#include <iostream.h>
#include <string.h>
class CEmployee
{
private:
    char m_name[30];
public:
    CEmployee();
CEmployee(char *nm)
{   strcpy(m_name,nm);  }
    virtual double computepay()=0;          /*这是纯虚函数*/
};
class CWage : public CEmployee             /*钟点工是一种职员*/
{
private:
    double m_wage;
    double m_hours;
public:
    CWage(char *nm):CEmployee(nm)
    {   m_wage=245.0;   m_hours=40.0;   }
```

```
    void set_wage(double wg)
    {   m_wage =wg; }
    void set_hours(double hr)
    {   m_hours=hr; }
    double computepay();          /*计算付费函数*/
};
class CSales:public CWage         /*销售员也是一种职员*/
{
private:
    double m_comm;                /*佣金*/
    double m_sale;                /*销售额*/
public:
    CSales(char* nm):CWage(nm)
    {       m_comm=m_sale=0.0;  }
    void set_commission(double comm)
    {       m_comm = comm;  }
    void set_sales(double sale)
    {       m_sale=sale;    }
    double computepay();
};
class CManage:public CEmployee    /*经理也是一种职员*/
{
private:
    double m_salary;
public:
    CManage(char* nm):CEmployee(nm){
    m_salary=1500.0;
    }
    void set_salary(double salary)
    {       m_salary=salary;}
    double computepay();
};
double CManage::computepay()
{
    return m_salary;              /*经理以“固定周薪”计算*/
}
double CWage::computepay()
{
    return m_wage*m_hours;        /*钟点工以“钟点费*每周工时”计算*/
}
double CSales::computepay()
{
    return CWage::computepay()+m_comm* m_sale;
}
void main()
{
    CEmployee *pEmp;
    CManage m1("张和平");
    CSales s1("张和");
    CWage w1("张平");
```

```
        int Sel=0;
        while(Sel>=0)
        {
            cout<<"\n请选择查询号: 张和平-1;张和-2; 张平-3  ";
            cin>>Sel;
            switch(Sel)
            {
            case 1:
                pEmp=&m1;
                cout<<"张和平工资: "<<pEmp->computepay();
                break;
            case 2:
                pEmp=&s1;
                cout<<"张和工资: "<<pEmp->computepay();
                break;
            case 3:
                pEmp=&w1;
                cout<<"张平工资: "<<pEmp->computepay();
                break;
            }

        }

    }
```

运行结果：

```
请选择查询号: 张和平-1; 张和-2; 张平-3  1↙
张和平工资: 1500
请选择查询号: 张和平-1; 张和-2; 张平-3
```

附录 A ASCII 码表

ASCII 值	控制字符	ASCII 值	控制字符	ASCII 值	控制字符	ASCII 值	控制字符
0	NUT	32	(space)	64	@	96	`
1	SOH	33	!	65	A	97	a
2	STX	34	"	66	B	98	b
3	ETX	35	#	67	C	99	c
4	EOT	36	$	68	D	100	d
5	ENQ	37	%	69	E	101	e
6	ACK	38	&	70	F	102	f
7	BEL	39	'	71	G	103	g
8	BS	40	(	72	H	104	h
9	HT	41	)	73	I	105	i
10	LF	42	*	74	J	106	j
11	VT	43	+	75	K	107	k
12	FF	44	,	76	L	108	l
13	CR	45	-	77	M	109	m
14	SO	46	.	78	N	110	n
15	SI	47	/	79	O	111	o
16	DLE	48	0	80	P	112	p
17	DCI	49	1	81	Q	113	q
18	DC2	50	2	82	R	114	r
19	DC3	51	3	83	X	115	s
20	DC4	52	4	84	T	116	t
21	NAK	53	5	85	U	117	u
22	SYN	54	6	86	V	118	v
23	TB	55	7	87	W	119	w
24	CAN	56	8	88	X	120	x
25	EM	57	9	89	Y	121	y
26	SUB	58	:	90	Z	122	z
27	ESC	59	;	91	[	123	{
28	FS	60	<	92	\	124	|
29	GS	61	=	93	]	125	}
30	RS	62	>	94	^	126	~
31	US	63	?	95	—	127	DEL

附录 B 运算符的优先级与结合性

运 算 符	名　　称	运算对象的个数	优先级	结合方向
()	括号		1	左结合
[ ]	下标运算符			
->	指向结构体成员运算符			
.	结构体成员运算符			
!	逻辑非运算符	1 单目运算符	2	右结合
~	按位取反运算符			
++	自增运算符			
--	自减运算符			
+	正号运算符			
-	负号运算符			
（类型）	类型转换运算符			
*	指针运算符			
&	取地址运算符			
Sizeof	字节长度运算符			
*	乘法运算符	2 双目运算符	3	左结合
/	除法运算符			
%	求余运算符			
+	加法运算符	2 双目运算符	4	左结合
-	减法运算符			
<<	左移运算符	2 双目运算符	5	左结合
>>	右移运算符			
< 、<=、>、 >=	关系运算符	2 双目运算符	6	左结合
==	等于运算符	2 双目运算符	7	左结合
!=	不等于运算符			
^	按位异或运算符	2 双目运算符	9	左结合
|	按位或运算符	2 双目运算符	10	左结合

续表

<table>
<tr><th>运 算 符</th><th>名　　称</th><th>运算对象的个数</th><th>优先级</th><th>结合方向</th></tr>
<tr><td>&&</td><td>逻辑与运算符</td><td>2
双目运算符</td><td>11</td><td>左结合</td></tr>
<tr><td>||</td><td>逻辑或运算符</td><td>2
双目运算符</td><td>12</td><td>左结合</td></tr>
<tr><td>? :</td><td>条件运算符</td><td>3
双目运算符</td><td>13</td><td>右结合</td></tr>
<tr><td>= += -= *= /=　%=
>>= <<=
&= ^= !=</td><td>赋值运算符</td><td>2
双目运算符</td><td>14</td><td>右结合</td></tr>
<tr><td>,</td><td>逗号运算符</td><td>2
双目运算符</td><td>15</td><td>左结合</td></tr>
</table>

附录 C　C 语言常见错误分析

C 语言的最大特点是：功能强、使用方便灵活。C 编译的程序对语法检查并不像其他高级语言那么严格，这就给编程人员留下“灵活的余地”，但还是由于太灵活给程序的调试带来了许多不便，尤其对初学 C 语言的人来说，经常会出一些错误。下面列举了一些常见错误及原因分析和方法。

1. 书写标识符时，忽略了大小写字母的区别。

例如：

```
void main()
{    int a=5;
     printf("%d",A);
}
```

原因：编译程序把 a 和 A 认为是两个不同的变量名，而显示出错信息。C 语言认为大写字母和小写字母是两个不同的字符。习惯上，符号常量名用大写，变量名用小写表示，以增加可读性。

改正：将大写字母 A 改为小写字母 a。

2. 忽略了变量的类型，进行了不合法的运算。

例如：

```
void main()
{    float a,b;
     printf("%d",a%b);
}
```

原因：%是求余运算，得到 a/b 的整余数。整型变量 a 和 b 可以进行求余运算，而实型变量则不允许进行“求余”运算。

改正：将 float a,b; 改为 int a,b;。

3. 将字符常量与字符串常量混淆。

例如：

```
char c;
c="a";
```

原因：在这里就混淆了字符常量与字符串常量，字符常量是由一对单引号括起来的单个字符，字符串常量是一对双引号括起来的字符序列。C 语言规定以“\0”作字符串结束标志，它是由系统自动加上的，所以字符串“a”实际上包含两个字符：'a'和'\0'，而把它赋给一个字符变量是不行的。

改正：

```
c='a';
```

4. 忽略了“=”与“==”的区别。

原因：在许多高级语言中，用“=”符号作为关系运算符“等于”。如在 BASIC 程序中可以写 if (a=3) then …，但 C 语言中，“=”是赋值运算符，“==”是关系运算符。如：

if (a==3) a=b;前者是进行比较，a 是否和 3 相等，后者表示如果 a 和 3 相等，把 b 值赋给 a。由于习惯问题，初学者往往容易犯错误。

5. 忘记加分号。

例如：

```
a=1
b=2
```

原因：编译时，编译程序在“a=1”后面没发现分号，就把下一行“b=2”也作为上一行语句的一部分，这就会出现语法错误。改错时，有时在被指出有错的一行中未发现错误，就需要看一下上一行是否漏掉了分号。

改正：

```
a=1;b=2;
```

又如：

```
{ z=x+y;t=z/100;printf("%f",t)}
```

对于复合语句来说，最后一个语句中最后的分号不能忽略不写。改为：

```
{ z=x+y;t=z/100;printf("%f",t);}
```

6. 多加分号。

例如，对于一个复合语句：

```
{    z=x+y;
     t=z/100;
     printf("%f",t);
};
```

原因：复合语句的花括号后不应再加分号，否则将会画蛇添足。

改正：去掉花括号后的;号。

又如：

```
if(a%3==0);
i++;
```

原因：本是如果 3 整除 a，则 i 加 1。但由于 if (a%3==0)后多加了分号，则 if 语句到此结束，程序将执行 i++语句，不论 3 是否整除 a，i 都将自动加 1。

改正：去掉 if (a%3==0);后的;号。

再如：

```
for (i=0;i<5;i++);
{scanf("%d",&x);
printf("%d",x);}
```

原因：本意是先后输入 5 个数，每输入 1 个数后再将它输出。由于 for()后多加了 1 个分号，使循环体变为空语句，此时只能输入 1 个数并输出它。

改正：去掉 for (i=0;i<5;i++);后的;号。

7. 输入变量时忘记加地址运算符“&”。

例如：

```
int a,b;
scanf("%d%d",a,b);
```

原因：这是不合法的。scanf 函数的作用是按照 a、b 在内存的地址将 a、b 的值存进去。&a 指 a 在内存中的地址。

改正：scanf("%d%d",a,b);改为 scanf("%d%d",&a,&b);。

8. 输入数据的方式与要求不符。

① scanf("%d%d",&a,&b);

运行后输入 3，4

原因：输入时不能用逗号作两个数据间的分隔符。输入数据时，在两个数据之间以一个或多个空格间隔，也可用回车键、跳格键【Tab】。

改正：输入时不加，号输入 3 4

② scanf("%d,%d",&a,&b);

原因：C 语言规定，如果在“格式控制”字符串中除了格式说明以外还有其他字符，则在输入数据时应输入与这些字符相同的字符。下面输入是合法的：

```
3，4
```

此时不用逗号而用空格或其他字符是不对的。如：

```
3 4  3：4
```

又如 scanf("a=%d,b=%d",&a,&b);输入应如以下形式：

```
a=3,b=4
```

9. 输入字符的格式与要求不一致。

例如：

```
scanf("%c%c%c",&c1,&c2,&c3);
```

输入 a b c 不符合要求。

原因：在用%c 格式输入字符时，“空格字符”和“转义字符”都作为有效字符输入。

实际结果是字符“a”送给 c1，字符“ ”送给 c2，字符“b”送给 c3，因为%c 只要求读入一个字符，后面不需要用空格作为两个字符的间隔。

改正：输入 abc

10. 输入输出的数据类型与所用格式说明符不一致。

例如，a 已定义为整型，b 定义为实型：

```
a=3;b=4.5;
printf("%f%d\n",a,b);
```

原因：编译时不给出出错信息，但运行结果将与原意不符。这种错误尤其需要注意。

改正：

```
printf("%d%f\n",a,b);
```

11. 输入数据时，企图规定精度。

例如：

```
scanf("%7.2f",&a);
```

原因：输入数据时不能规定精度，这样做是不合法的。

改正：

```
scanf("%f",&a);
```

12. switch 语句中漏写 break 语句。

例如：根据考试成绩的等级打印出百分制数段。

```
switch(grade)
{    case 'A':printf("85~100\n");
     case 'B':printf("70~84\n");
```

```
        case 'C':printf("60~69\n");
        case 'D':printf("<60\n");
        default:printf("error\n");
    }
```

原因：由于漏写了 break 语句，case 只起标号的作用，而不起判断作用。因此，当 grade 值为 A 时，printf()函数在执行完第一个语句后接着执行第二、三、四、五个 printf()函数语句。

改正：在每个分支后再加上 break;。如 case 'A':printf("85~100\n");break;。

13. 定义数组时误用变量。

例如：

```
int n;
scanf("%d",&n);
int a[n];
```

原因：数组名后用方括号括起来的是常量表达式，可以包括常量和符号常量。即 C 语言不允许对数组的大小作动态定义。

改正：事先估计下标的最大值，如 100，再定义数组。

```
int a[100];
int n;
sacnf("%d",&n);
```

14. 在定义数组时，将定义的“元素个数”误认为是可使用的最大下标值。

例如：

```
void main()
{    static int a[10]={1,2,3,4,5,6,7,8,9,10};
     printf("%d",a[10]);
}
```

原因：C 语言规定，定义时用 a[10]，表示 a 数组有 10 个元素。其下标值由 0 开始，所以数组元素 a[10]是不存在的。在循环中尤其要注意下标越界。

改正：将 printf("%d",a[10]);中的 10 改为小于 10 的数。

15. 在不应加地址运算符&的位置加了地址运算符。

例如：

```
scanf("%s",&str);
```

原因：C 语言编译系统对数组名的处理是，数组名代表该数组的起始地址，且 scanf 函数中的输入项是字符数组名，不必要再加地址符&。

改正：

```
scanf("%s",str);
```

16. 所调用函数在调用之后才定义，而又在调用前未声明。

例如：

```
void main()
{
    float x,y,z;
    x=3.5;y=-1.5;
    z=max(x,y);
    printf("%f\n",z);
}
float max(float x,float y)
```

```
    {
        return(z=x<y?x:y);
    }
```

原因：max 函数是在 main()函数之后才定义的，也就是 max 函数被调用是在定义之前。

改正：将 max 函数定义的位置调整到 main()函数之前。即：

```
    float max(float x,float y)
    {
        return(z=x<y?x:y);
    }
    void main()
    {
        float x,y,z;
        x=3.5;y=-1.5;
        z=max(x,y);
        printf("%f\n",z);
    }
```

17. 对函数声明与函数定义不匹配。

例如，定义一个 fun()函数：

```
    int fun(int x,float y,long z)
```

但在程序的主调函数中的声明出现以下一些错误：

```
    fun (int x,float y,long z);          /*漏写 fun()函数类型*/
    float fun (int x,float y,long z);    /*定义与调用的函数类型不匹配*/
    int fun(int x,int y,int z);          /*参数类型不匹配*/
    int fun(int x,float y);              /*参数数目不匹配*/
    int fun(int x,long z,float y);       /*参数顺序不匹配*/
```

原因：对函数的定义和调用不够谨慎。

改正：

```
    int fun(int x,float y,long z);
    int fun(int ,float ,long );          /*省略参数名称*/
```

18. 误认为形参值的改变会影响实参。

例如：

```
    void main()
    {   int a,b;
        a=1;b=3;
        swap(a,b);
        printf("%d,%d\n",a,b);
    }
    void swap(int x,int y)
    {   int t;
        t=x;x=y;y=t;
    }
```

原因：没能理解形参与实参的关系，二者是存储于不同的内存空间，因此形参的改变不会影响到实参。

改正：使用指针变量。

```
    void main()
    {   int a,b,*p1,*p2;
```

```
    a=1;b=3;
    p1=&a;p2=&b;
    swap(p1,p2);
    printf("%d,%d\n",a,b);
}
void swap(int *p1,int *p2)
{   int t;
    t=*p1; *p1=*p2;*p2=t;
}
```

19. 函数的实参与形参类型不匹配。

例如：

```
void main()
{ int a=1,b=3,c;
 c=max(a,b);
   …
}
int max(float x,float y)
{
   …
}
```

原因：实参 a、b 为整型，形参 x、y 为实型。给 x 和 y 得到 a 和 b 传递过去的值并不是 1 和 3，因此得不到预期结果。

改正：在 main()函数中添加 max()函数的原型声明。

```
int max(float,float);
```

程序可以运行，此时按不同数据类型间的赋值规则处理，形参 x 和 y 得到实参传递过来的值分别是 1.0 和 3.0。

附录 D C语言常用库函数

库函数并不是C语言的一部分，它是由编译程序根据一般用户的需要编制并提供用户使用的一组程序。每一种C编译系统都提供了一批库函数，不同的编译系统所提供的库函数的数目和函数名以及函数功能是不完全相同的。ANSI C标准提出了一批建议提供的标准库函数。它包括了目前多数C编译系统所提供的库函数，但也有一些是某些C编译系统未曾实现的。考虑到通用性，我们只列出部分常用库函数。

由于C语言库函数的种类和数目很多（如有屏幕和图形函数、时间日期函数、与本系统有关的函数等，每一类函数又包括各种功能的函数），限于篇幅，本附录不能全部介绍，只从教学需要的角度列出最基本的函数。读者在编制C程序时可能要用到更多的函数，请查阅有关的库函数手册。

1. 数学函数

使用数学函数时，应该在源文件中使用命令：

```
#include"math. h"
```

函 数 名	功　能	返 回 值	示　　例

acos	计算 $\cos^{-1}(x)$的值
	$-1 \leqslant x \leqslant 1$
		计算结果	int main()
			{
			  double result;
			  double x=0.5;
			  result=**acos**(x);
			  printf("The arc cosine of %lf is %lf\n",
			  x,result);
			}

asin	计算 $\sin^{-1}(x)$的值
	$-1 \leqslant x \leqslant 1$
		计算结果	int main()
			{
			  double result;
			  double x=0.5;
			  result=**asin**(x);
			  printf("The arc sin of %lf is %lf\n",x,
			  result);
			}

atan	计算 $\tan^{-1}(x)$的值	计算结果	int main()
			{
			  double result;
			  double x=0.5;

续表

函数名	功能	返回值	示例

atan	计算 $\tan^{-1}(x)$的值	计算结果	result=**atan**(x);
			printf("The arc tangent
			of%lfis%lf\n",x,result);
			}

atan2	计算 $\tan^{-1}(x/y)$的值	计算结果	int main()
			{ double result;
			double x=90.0,y=45.0;
			result=**atan2**(y,x);
			printf("The arc tangent ratio of %lf
			is%lf\n",(y/x),result);
			}

cos	计算 cos(x)的值，x 的单位为弧度	计算结果	int main()
			{ double result;
			double x=0.5;
			result=**cos**(x);
			printf("The cosine of %lf is %lf\n",x,
			result);
			}

cosh	计算 x 的双曲余弦 cosh(x)的值	计算结果	int main()
			{ double result;
			double x=0.5;
			result=**cosh**(x);
			printf("The hyperboic cosine of %lf is
			%lf\n",x,result);
			}

exp	求 e^x的值	计算结果	int main()
			{ double result;
			double x=4.0;
			result=**exp**(x);
			printf("'e' raised to the power\of %lf
			(e^%lf)=%lf\n",x,x,result);
			}

fabs	求 x 的绝对值	计算结果	void main(void)
			{
			float number=-1234.0;
			printf("number: %f absolute value: %f\n",
			number, **fabs**(number));
			}

floor	求出不大于 x 的最大整数	该整数的双精度实数	void main(void)
			{
			double number=123.54;
			double down,up;
			down=**floor**(number);

续表

函数名	功 能	返回值	示 例

floor	求出不大于 x 的最大整数	该整数的双精度实数	up=ceil(number);
			printf("original number %10.2lf\n",
			number);
			printf("number rounded down %10.2lf\n",
			down);
			printf("number rounded up %10.2lf\n",up);
			}

fmod	求整除 x/y 的余数	返回余数的双精度实数	void main(void)
			{ double x=5.0,y=2.0;
			double result;
			result=**fmod**(x,y);
			printf("The remainder of (%lf/%lf) is\
			%lf\n",x,y,result);
			}

frexp	把双精度数 val 分解成数字部分（尾数）和以 2 为底的指数，即 $val=x*2^n$，n 存放在 eptr 指向的变量中	数字部分 x
		$0.5 \leqslant x < 1$
			void main(void)
			{
			double mantissa, number;
			int exponent;
			number=8.0;
			mantissa=**frexp**(number,&exponent);
			printf("The number %lf is ",number);
			printf("%lf times two to the ",mantissa);
			printf("power of %d\n",exponent);
			}

log	求 $\log_e x$ 即 lnx	计算结果	int main()
			{ double result;
			double x=8.6872;
			result=**log**(x);
			printf("Then atural log of is %lf\n",x,
			result);
			}

log10	求 $\log_{10} x$	计算结果	int main()
			{
			double result;
			double x=800.6872;
			result=**log10**(x);
			printf("The common log of %lf is %lf\n",x,
			result);
			}

modf	把双精度数 val 分解成数字部分和小数部分，把整数部分存放在 ptr 指向的变量中	val 的小数部分	int main()
			{
			double fraction, integer;
			double number=100000.567;
			fraction=**modf**(number,&integer);

续表

函数名	功 能	返回值	示 例
modf	把双精度数val分解成数字部分和小数部分，把整数部分存放在ptr指向的变量中	val的小数部分	printf("The whole and fractional parts of %lf are %lf and %lf\n",number,integer, fraction); }
pow	求 x^y 的值	计算结果	int main() { double x=2.0,y=3.0; printf("%lf raised to %lf is %lf\n",x,y,**pow**(x,y)); }

sin	求sin(x)的值，
	x的单位为弧度
		计算结果	int main()
			{ double result,x=0.5;
			result=**sin**(x);
			printf("The sin() of %lf is % lf\n",x,result);
			}

sinh	计算 x 的双曲正弦函数sinh(x)的值	计算结果	int main()
			{ double result,x=0.5;
			result=**sinh**(x);
			printf("The hyperbolic sin() of %lf is %lf\n",x,result);
			}

sqrt	计算 $\sqrt{x}$,x≥0	计算结果	int main() { double x=4.0,result; result=**sqrt**(x); printf("The square root of %lf is %lf\n",x,result); }

tan	计算tan(x)的值，
	x的单位为弧度
		计算结果	int main()
			{ double result,x;
			x=0.5;
			result=**tan**(x);
			printf("The tan of %lf is %lf\n",x, result);
			}

tanh	计算 x 的双曲正切函数tanh(x)的值	计算结果	int main()
			{ double result,x;
			x=0.5;
			result=**tanh**(x);
			printf("The hyperbolic tangent of %lf is %lf\n",x,result);
			}

2. 字符函数

在使用字符函数时，应该在源文件中使用命令：

```
#include"ctype.h"
```

函数名	函数和形参类型	功　能	返回值
isalnum	int isalnum(ch) int ch	检查ch是否字母或数字	是字母或数字返回1；否则返回0
isalpha	int isalpha(ch) int ch	检查ch是否字母	是字母返回1；否则返回0
iscntrl	int iscntrl(ch) int ch	检查ch是否控制字符（其ASCⅡ码在0和0xlF之间）	是控制字符返回1；否则返回0
isdigit	int isdigit(ch) int ch	检查ch是否数字	是数字返回1；否则返回0
isgraph	int isgraph(ch) int ch	检查ch是否是可打印字符（其ASCⅡ码在0x21和0x7e之间），不包括空格	是可打印字符返回1；否则返回0
islower	int islower(ch) int ch	检查ch是否是小写字母(a～z)	是小字母返回1；否则返回0
isprint	int isprint(ch) int ch	检查ch是否是可打印字符(其ASCⅡ码在0x21和0x7e之间)，不包括空格	是可打印字符返回1；否则返回0
ispunct	int ispunct(ch) int ch	检查ch是否是标点字符（不包括空格）即除字母、数字和空格以外的所有可打印字符	是标点返回1；否则返回0
isspace	int isspace(ch) int ch	检查ch是否空格、跳格符（制表符）或换行符	是，返回1；否则返回0
issupper	int isalsupper(ch) int ch	检查ch是否大写字母（A～Z）	是大写字母返回1；否则返回0
isxdigit	int isxdigit(ch) int ch	检查ch是否一个16进制数字（即0～9，或A到F，a～f）	是，返回1；否则返回0
tolower	int tolower(ch) int ch	将ch字符转换为小写字母	返回ch对应的小写字母
toupper	int touupper(ch) int ch	将ch字符转换为大写字母	返回ch对应的大写字母

3. 输入输出函数

在使用输入输出函数时，应该在源文件中使用命令：

```
#include"stdio.h"
```

函数名	功　能	返回值	示　例
prtc	把一个字符ch输出到fp所指的文件中	输出字符ch；若出错返回EOF	
fputs	将str指定的字符串输出到fp所指的文件中	成功则返回0；出错返回EOF	void main() { /* write a string to standard output */ **fputs**("Hello world\n", stdout); }

续表

<table>
<tr><th>函数名</th><th>功 能</th><th>返 回 值</th><th>示 例</th></tr>
<tr><td>clearerr</td><td>清除文件指针错误指示器</td><td>无</td><td>int main()
{ FILE *fp;
  char ch;
  fp=fopen("DUMMY.FIL","w");
  ch=fgetc(fp);
  printf("%c\n",ch);
  if(ferror(fp))
  { printf("Error reading from
     DUMMY.FIL\n");
     clearerr(fp);
  } fclose(fp);
}</td></tr>
<tr><td>creat</td><td>以 mode 所指定的方式建立文件（非 ANSI 标准）</td><td>成功返回正数，否则返回-1</td><td>int main()
{ int handle;
  char buf[11]="0123456789"; fmode=
  O_BINARY;
  handle=creat("DUMMY.FIL",S_IREAD
  |S_IWRITE);
  write(handle,buf,strlen(buf));
  close(handle);
}</td></tr>
<tr><td>fclose</td><td>关闭 fp 所指的文件，释放文件缓冲区</td><td>关闭成功返回 0，不成功返回非 0</td><td>main()
{
  FILE *fp;
  char buf[11]="0123456789";
  /* create a file containing 10 bytes
  */
  fp=fopen("DUMMY.FIL","w");
  fwrite(&buf,strlen(buf),1,
  fp);
  /* close the file */
  fclose(fp);
}</td></tr>
<tr><td>close</td><td>关闭文件（非 ANSI 标准））</td><td>关闭成功返回 0，不成功返回-1</td><td>void main()
{ int handle;
  char buf[11]="0123456789";
  handle=open("NEW.FIL",
  O_CREAT);
  if(handle>-1)
  { write(handle,buf,
     trlen(buf));
     close(handle);   }
   else</td></tr>
</table>

续表

函数名	功　能	返回值	示　例
close	关闭文件（非 ANSI 标准）	关闭成功返回 0，不成功返回-1	{　printf("Error opening file\n"); } }

open	以 mode 指定的方式打开已存在的名为 filename 的文件（非 ANSI 标准）	返回文件号（正数）；如打开失败返回-1	int main()
			{ int handle;
			char msg[] = "Hello world";
			if((handle = **open**("TEST.$$$",
			O_CREAT|O_TEXT))==-1)
			{　perror("Error:");
			return 1;
			}
			write(handle,msg,strlen(msg));
			close(handle);
			}

getchar	从标准输入设备中读取下一个字符	返回字符；若文件出错或结束返回-1	int main()
			{
			int c;
			while((c=**getchar**())!= '\n')
			printf("%c",c);
			}

eof	判断 fp 所指的文件是否结束	文件结束返回 1，否则返回 0	int main()
			{
			int handle;
			char msg[]="This is a test";
			char ch;
			handle=open("DUMMY.FIL",
			O_CREAT | O_RDWR,
			S_IREAD | S_IWRITE);
			write(handle,msg,
			strlen(msg));
			lseek(handle,0L,SEEK_SET);
			do
			{
			read(handle,&ch,1);
			printf("%c",ch);
			}
			while (!**eof**(handle));
			close(handle);
			}

续表

函数名	功　能	返回值	示　例

fputc	将字符 ch 输出到 fp 所指的文件中	成功则返回该字符；出错返回 EOF	main()
			{
			char msg[]="Hello world";
			int i=0;
			while(msg)
			{
			fputc(msg,stdout);
			i++;
			}
			}

getc	从 fp 所指向的文件中读出下一个字符	返回读出的字符；若文件出错或结束返回 EOF	int main()
			{ char ch;
			printf("Input a character:");
			/*standard input stream */
			ch=**getc**(stdin);
			printf("The character input was: '%c'\n",ch);
			}

feof	检查文件是否结束	文件结束返回非 0,否则返回 0	main()
			{ FILE *stream;
			/* open a file for reading */
			stream=open("DUMMY.FIL","r");
			fgetc(stream);
			if(**feof**(stream))
			printf("We have reached end-of-file\n");
			fclose(stream);
			}

fgets	从 fp 所指的文件读取一个长度为 n-1 的字符串，存入起始地址为 buf 的空间	返回地址 buf,若遇文件结束或出错则返回 EOF	main()
			{ FILE *stream;
			char string[]="This is a test";
			char msg[20];
			stream=fopen("DUMMY.FIL", "w+");
			fwrite(string,strlen(string), 1,stream);
			fseek(stream,0,SEEK_SET); /
			fgets(msg,strlen(string)+1, stream);
			printf("%s",msg);
			fclose(stream);
			}

续表

函数名	功　能	返回值	示　例

ftell	返回 fp 所指定的文件中的读写位置	返回文件中的读写位置；否则返回 0	int main()
			{
			FILE *stream;
			stream=fopen("MYFILE.TXT", "w+");
			fprintf(stream,"This is a test");
			printf("The file pointer is at byte\%ld\n",**ftell**(stream));
			fclose(stream);
			}

fgetc	从 fp 所指的文件中取得下一个字符	返回所得到的字符；出错返回 EOF	void main()
			{
			FILE *stream;
			char string[]="This is a test";
			char ch;
			stream=fopen("DUMMY.FIL", "w+");
			fwrite(string,strlen(string), 1,stream);
			fseek(stream,0,SEEK_SET);
			do
			{ ch=**fgetc**(stream);
			putch(ch);
			} while(ch!=EOF);
			fclose(stream);
			}

gets	从标准输入设备中读取字符串存入 str 指向的数组	成功返回 str，否则返回 NULL	int main()
			{
			char string[80];
			printf("Input a string:");
			gets(string);
			printf("The string input was: %s\n",string);
			}

scanf	从标准输入设备按 format 指示的格式字符串规定的格式，输入数据给 args 所指示的单元。args 为指针	读入并赋给 args 数据个数。如文件结束返回 EOF；若出错返回 0	void main()
			{
			int a,b,c;
			scanf("%d%d%d",&a,&b,&c);
			printf("%d,%d,%d\n",a,b,c);
			}

续表

函数名	功能	返回值	示例
printf	在 format 指定的字符串的控制下，将输出列表 args 的值输出到标准设备	输出字符的个数；若出错返回负数	void main() { **printf**("Hello C world! ") }
putchar	把字符 ch 输出到 fp 标准输出设备	返回换行符；若失败返回 EOF	void main() { char a,b,; a='g'; b='o'; **putchar**(a); **putchar**(b); }

fprintf	把 args 的值以 format 指定的格式输出到 fp 所指的文件中	实际输出的字符数	void main()
			{ FILE *in,*out;
			if((in=fopen("\\AUTOEXEC.BAT","rt"))==NULL)
			{ **fprintf**(stderr,"Cannot open input \ file.\n");
			return;
			}
			if((out=fopen("\\AUTOEXEC.BAK","wt"))==NULL)
			{ fprintf(stderr,"Cannot open output \ file.\n");
			return;
			}
			while(!feof(in))
			fputc(fgetc(in),out);
			fclose(in);
			fclose(out);
			}

fread	从 fp 所指定文件中读取长度为 size 的 n 个数据项，存到 pt 所指向的内存区	返回所读的数据项个数，若文件结束或出错返回 0	void main()
			{
			FILE *stream;
			char msg[]="this is a test";
			char buf[20];
			if((stream=fopen("DUMMY.FIL","w+")) == NULL)
			{fprintf(stderr,"Cannot open output file.\n");
			return ;
			}
			fwrite(msg,strlen(msg)+1,1,stream);

续表

函数名	功能	返回值	示例

fread	从 fp 所指定文件中读取长度为 size 的 n 个数据项，存到 pt 所指向的内存区	返回所读的数据项个数，若文件结束或出错返回 0	fseek(stream,SEEK_SET,0);
			fread(buf,strlen(msg)+1,1,
			stream);
			printf("%s\n",buf);
			fclose(stream);
			}

rewind	将 fp 指定的文件指针置于文件头，并清除文件结束标志和错误标志	无	void main()
			{
			FILE *fp;
			char *fname="TXXXXXX",
			*newname,first;
			newname=mktemp(fname);
			fp=fopen(newname,"w+");
			fprintf(fp,"abcdefghijklmnopq
			rstuvwxyz");
			rewind(fp);
			fscanf(fp,"%c",&first);
			printf("The first character
			is: %c\n",first);
			fclose(fp);
			remove(newname);
			}

fscanf	从 fp 指定的文件中按给定的 format 格式将读入的数据送到 args 所指向的内存变量中（args 是指针）	已输入的数据个数	void main()
			{ int i;
			printf("Input an integer: ");
			if(**fscanf**(stdin,"%d",&i))
			printf("The integer read was:
			%i\n",i);
			else
			{ fprintf(stderr,"Error
			reading an \ integer from
			stdin. \n");
			exit(1);
			}
			}

rename	把 oldname 所指的文件名改为由 newname 所指的文件名	成功返回 0；出错返回-1	void main()
			{ char oldname[80],newname[80];
			printf("File to rename: ");
			gets(oldname);
			printf("New name: ");
			gets(newname);
			if(**rename**(oldname,newname)
			== 0)

续表

函数名	功　能	返回值	示　例

rename	把oldname所指的文件名改为由 newname 所指的文件名	成功返回0；出错返回-1	printf("Renamed%sto%s.\n",
			oldname,newname);
			else
			perror("rename");
			}

fseek	将fp指定的文件的位置指针移到base所指出的位置为基准、以offset为位移量的位置	返回当前位置；否则返回-1	void main()
			{ FILE *stream;
			stream=fopen("MYFILE.TXT",
			"w+");
			fprintf(stream,"This is a
			test");
			printf("Filesize of MYFILE.
			TXT is %ld bytes\n", filesize
			(stream));
			fclose(stream);
			return ;
			}
			long filesize(FILE *stream)
			{ long curpos,length;
			curpos=ftell(stream);
			fseek(stream,0L,EEK_END);
			length = ftell(stream);
			fseek(stream,curpos,SEEK_
			SET);
			return length;
			}

fwrite	把ptr所指向的n*size字节输出到fp所指向的文件中	写到fp文件中的数据项的个数	struct mystruct
			{ int i;
			char ch;
			};
			void main()
			{ FILE *stream;
			struct mystruct s;
			if((stream=fopen("TEST.
			$$$","wb"))==NULL)
			{ fprintf(stderr,"Cannot
			open output file.\n");
			return ;
			}
			s.i=0;
			s.ch='A';
			fwrite(&s,sizeof(s),1,
			stream); fclose(stream);
			return ;
			}

续表

<table>
<tr><th>函数名</th><th>功　能</th><th>返回值</th><th>示　例</th></tr>
<tr><td>read</td><td>从文件号 fp 所指定文件中读 count 字节到由 buf 知识的缓冲区(非 ANSI 标准)</td><td>返回真正读出的字节个数，如文件结束返回 0，出错返回 -1</td><td>int main()
{ void *buf;
int handle,bytes;
buf=malloc(10);
if((handle=open("TEST.
$$$",O_RDONLY | O_BINARY,
S_IWRITE | S_IREAD)) == -1) {
printf("Error Opening File
\n");
exit(1);
}
if((bytes=read(handle,
buf,10))==-1)
{
printf("Read Failed.
\n");exit(1);
}
else
{
printf("Read: %d bytes
read.\n",bytes);
}
}</td></tr>
<tr><td>puts</td><td>把 str 指向的字符串输出到标准输出设备；将'\0'转换为回车符</td><td>返回换行符；若失败返回 EOF</td><td>int main()
{
char string[]="This is
an example output string\n";
puts(string);
}</td></tr>
</table>

4．动态存储分配函数

在使用动态存储分配函数时，应该在源文件中使用命令：

```
include"stdlib.h"
```

<table>
<tr><th>函数名</th><th>功　能</th><th>返回值</th><th>示　例</th></tr>
<tr><td>calloc</td><td>给 n 个数据项分配连续的内存空间，每个数据项占用 sizelf0()指定的字节数</td><td>分配内存单元的起始地址。如不成功，返回 0</td><td>int main()
{ char *str=NULL;
str = calloc(10, sizeof(char));
strcpy(str,"Hello");
printf("String is %s\n", str);
free(str);
}</td></tr>
<tr><td>free</td><td>释放 p 所指内存区</td><td>无</td><td>main() {
char *str;
str=malloc(10);
strcpy(str,"Hello");</td></tr>
</table>

续表

<table>
<tr><th>函数名</th><th>功　　能</th><th>返　回　值</th><th>示　　例</th></tr>
<tr><td>free</td><td>释放p所指内存区</td><td>无</td><td><pre>printf("String is %s\n", str);
free(str);}</pre></td></tr>
<tr><td>malloc</td><td>分配size字节的内存区</td><td>所分配的内存区地址，如内存不够，返回0</td><td><pre>int main()
{ char *str;
   if((str=malloc(10))==
   NULL)
   { printf("Not enough memory
      to allocate buffer\n");
      exit(1);
   }
   strcpy(str,"Hello");
   printf("String is %s\n",
   str); free(str); }</pre></td></tr>
<tr><td>realloc</td><td>将p所指的已分配的内存区的大小改为size。size可以比原来分配的空间大或小</td><td>返回指向该内存区的指针。若重新分配失败，返回NULL</td><td><pre>main()
{
   char *str;
   str=malloc(10);
   strcpy(str,"Hello");
   printf("String is %s\n Address
   is %p\n",str,str);
   str=realloc(str,20);
   printf("String is %s\n New
   address is %p\n", str, str);
   free(str);
}</pre></td></tr>
</table>

参 考 文 献

[1] JAMSA K，PH.D. Success With C++[M]. 北京：电子工业出版社，2000.

[2] 吕凤翥. C++语言基础教程[M]. 北京：清华大学出版社，2002.

[3] 柴欣. C/C++程序设计[M]. 保定：河北大学出版社，2002.

[4] KRUGLINSKI D J. Visual C++技术内幕[M]. 潘爱民，译. 北京：清华大学出版社，1999.

[5] 马建红. Visual C++ 程序设计与软件技术基础[M]. 北京：中国水利水电出版社，2002.

[6] 马安鹏. Visual C++ 6 程序设计导学[M]. 北京：清华大学出版社，2003.

[7] 梁普选. C++程序设计与软件技术基础[M]. 北京：电子工业出版社，2003.

[8] 谭浩强. C 语言程序设计[M]. 3 版. 北京：清华大学出版社，2005.

[9] 谭浩强. C 程序设计题解与上机指导[M]. 3 版. 北京：清华大学出版社，2005.

[10] 颜晖. C 语言程序设计实验指导[M]. 北京：高等教育出版社，2008.

[11] 刘振鹏，马胜甫. C/C++程序设计实验指导与习题[M]. 保定：河北大学出版社，2003.

Learn more about it!

笔记栏

Learn more about it!

笔记栏